Filmstars auf
vier Pfoten

Tatjana Zimek/
Beate Rygiert

Filmstars auf vier Pfoten

Deutschlands berühmteste Tiertrainerin erzählt

KOSMOS

Unser gesamtes lieferbares Programm und viele weitere Informationen zu unseren Büchern, Spielen, Experimentierkästen, DVDs, Autoren und Aktivitäten finden Sie unter **www.kosmos.de**

1. Auflage 2008

Inhalt

Kapitel 1
Wie alles begann

Wenn ich nach Hause komme, werde ich von meiner Familie lautstark begrüßt. Die ist nicht gerade klein: Rund 120 Mäuler gehören zu meinem Haushalt und jedes einzelne Familienmitglied ist mir ans Herz gewachsen. Fast alle haben schon einmal in einem Film mitgespielt. Oder bei einem Werbeshooting mitgemacht. Oder standen auf der Theaterbühne. Meine Familie besteht aus lauter Stars – die meisten haben vier Pfoten.

Wenn in einem Film ein Hund, eine Katze, ein Hamster oder Hase, ein ausgewachsenes Hausschwein oder ein Rentier auftreten soll, sind Sie bei mir, Tatjana Zimek, an der richtigen Adresse. Ebenso sind Hühner und Enten, Gänse und Igel, Kolkraben und Spatzen, Eulen, Ratten und Kröten als Darsteller kein Problem. Ich kann sogar Insekten filmtauglich trainieren. Falls ein Regisseur ein noch ausgefalleneres Tier wünscht, dann beschaffe ich es und bereite es auf seine Filmrolle vor.

Tiere sind mein Leben, sind es schon immer gewesen. Leider hatte ich während meiner Kindheit nicht die Möglichkeit, ein eigenes Haustier zu halten. Als ich acht Monate alt war, ist meine Familie aus Kroatien nach Deutschland gekommen. Vier Kinder wollten versorgt werden, da war kein Platz mehr für ein Tier. Dennoch war mein größter Wunsch, einen eigenen Hund zu haben. Mit 14 Jahren machte ich ein Praktikum in einem Tierheim – da war es dann so weit: Ich verliebte mich in eine Hündin, einen lustigen, wuscheligen Mischling, und konnte nicht widerstehen. Ohne meinen Eltern etwas davon zu sagen, schlachtete ich meine drei Sparschweine und bezahlte die Kaufsumme von 80 D-Mark – das war damals viel Geld für mich – mit einem Berg von Münzen. „Bonny" taufte ich meine erste große Liebe. Zu Hause setzte es erst einmal ein riesiges Donnerwetter, aber das war mir egal. Ich hatte meinen Hund, alles andere zählte nicht.

Bonny und ich waren unzertrennlich. Sie schlief bei mir im Bett, ich nahm sie überallhin mit. Im Sommer zum Beispiel fuhren wir immer nach Kroatien in den Urlaub, um eine meiner Tanten zu besuchen. Als die sagte: „Ein Hund kommt mir nicht ins Haus!", war für mich die Sache klar: Ich nahm mein kleines Zelt mit und campierte mit Bonny im Garten. Sie durfte nicht ins Haus, dann blieb ich eben auch draußen!

Bonny lernte schnell. So besorgte ich mir Bücher über das Trainieren von Hunden und ging mit ihr zum Hundeübungsplatz. Im Handumdrehen bestand Bonny die Schutzhundeprüfung, die Ausdauer-, die Fährten- und sogar die Begleithundeprüfung und wurde zum Maskottchen des Hundevereins. Am Ende beherrschte sie 120 verschiedene Kommandos und versetzte selbst erfahrene Tiertrainer in Erstaunen. Bonny öffnete Türen und holte für mich die Brötchen. Wenn sie durstig war, schob sie sich einen Schemel vor das Waschbecken, schnappte ihr Plastikschüsselchen, sprang auf den Hocker, hielt mit der Schnauze die Schüssel unter den Hahn, füllte sie mit Wasser und drehte den Hahn sogar wieder zu. Wer das sah, wollte seinen Augen kaum trauen.

Bonny und ich waren ein Herz und eine Seele. Die Verbindung zwischen uns war so stark, dass sie an meiner Mimik und Körperhaltung erkennen konnte, was ich von ihr wollte. Das Lernen machte ihr riesigen Spaß und so trainierten wir den ganzen Tag. Es war wie ein Spiel. Bonny konnte sogar rechnen. Fragte ich: „Was ist zwei mal zwei?", dann bellte sie viermal. Auf die Frage: „Was ist acht minus drei?" bellte sie fünfmal. Dahinter steckte natürlich ein Trick: Sie bellte so oft, wie ich mit einem Auge zwinkerte – aber das brauchten die Zuschauer ja nicht zu wissen.

Eigentlich war es gar nicht meine Idee, zum Film zu gehen. Vielmehr waren es Nachbarn, Freunde und Kollegen vom Hundetrainingsplatz, die immer wieder sagten: „Das ist ja filmreif!", wenn Bonny eines ihrer Kunststücke vorführte. Irgendwann dachte ich: „Die haben recht!" Da war ich 15 Jahre alt und hatte keinerlei Kontakte. Ich kannte noch nicht einmal jemanden, der jemanden beim Film kannte. Für mich lebten die Stars und Sternchen in einem anderen Universum. Ich hatte keine Ahnung, wie ich es anstellen sollte, entdeckt zu werden.

Also nahm ich mir erst einmal Mutters Fernsehzeitschrift vor: Damals lief die englische Serie „Boomer, der Streuner" im Fernsehen, die ich über alles liebte. Boomer sah Bonny sogar ziemlich ähnlich, er war nur etwas grauer. Und ich dachte mir: „Was Boomer kann, das kann Bonny schon lange!" Ich schrieb Brief um Brief an alle Fernsehsender, legte Bilder von Bonny bei und beschrieb ihre unglaublichen Fähigkeiten: unermüdlich, über Jahre hinweg – ohne Erfolg.

Aber ich wäre nicht Tatjana Zimek, wenn ich mich davon hätte entmutigen lassen. Für mich gab es während dieser Zeit nur zwei Dinge, die zählten: die Schule und Bonny. Ich weiß nicht, wie viele Briefe es letztendlich waren. Heute muss ich lachen, wenn ich daran denke, wie naiv ich war. Ich war ein 15-jähriges Mädchen, das seinen geliebten Hund im Fernsehen sehen wollte. Sicherlich gibt es viele Teenager, die diesen Traum haben. Aber es gab zwei spezielle Umstände: Bonny war wirklich etwas Besonderes und ich kann ziemlich stur sein.

Kapitel 2
Endlich beim Film

Bonny war es also letztendlich, welche die Weichen für mein
Leben stellte. Wie sonst hätte das Kind einer kroatischen Im-
migrantenfamilie aus Wörth auf die Idee kommen sollen, erfolgreiche Filmtiertrainerin zu werden? Das alles habe ich Bonny und meiner Hartnäckigkeit zu verdanken – denn nach allen
Mühen klingelte eines Tages tatsächlich unser Telefon.

Im Nachtzug nach Berlin

Es war an einem schönen Sommerabend im Jahr 1985, ich war
knapp 18, als meine Mutter mich und Bonny zum Nachtzug
brachte. Die Fahrt ging nach Berlin, wo der Regisseur Ralf Gregan die Fernsehserie „Berliner Weiße mit Schuß" mit Günter
Pfitzmann drehte. Bonny sollte die erste Filmrolle ihres Lebens
übernehmen und ich war aufgeregt wie nie zuvor. Die Produktionsfirma hatte für mich und Bonny ein ganzes Schlafabteil gebucht. Ich war noch nie allein so weit gereist – ich meine ohne
menschliche Begleitung. Damals ging die Fahrt noch durch die
DDR und meine Mutter hatte mir eine Menge guter Ratschlä-
ge gegeben, damit ich unterwegs nicht aus dem Zug gezogen
und verhaftet würde. Tatsächlich bellte Bonny wie verrückt, als
der Zug mitten in der Nacht an der Grenze hielt und die Kon-
trolleure kamen. Auch sie war nervös und ich hatte Mühe, sie
zu beruhigen. Doch es ging alles gut und am Morgen holte
mich ein Fahrer am Bahnhof Zoo ab.

Zum ersten Mal hatten Bonny und ich ein Hotelzimmer
ganz für uns – und was für eines! Ich war begeistert von den
schönen Räumen, dem Fernseher, der Minibar im Zimmer so-

wie dem Frühstücksbuffet. Alles war neu und aufregend für mich, das Mädchen aus der Provinz. Nun endlich wurde mein Traum wahr. Ich hatte keine Ahnung, wie es beim Film zuging, und war auch noch nie an einem Filmset gewesen, doch als mich der Fahrer zum Drehort brachte, war ich mit einem Mal die Ruhe selbst.

Der erste Einsatz vor der Kamera

Es gab so viel zu entdecken und zu lernen, so viele neue Eindrücke: Da wuselten die Leute von der Maske bis zum letzten Moment um die Schauspieler herum. Und erst die Kamera, die Beleuchter, der Tonmann mit seiner langen Angel! Ich kam aus dem Staunen nicht heraus, Bonny und ich waren ja solche Greenhorns! Nach all meinen bisherigen Erfahrungen muss ich sagen: Wenn Bonny nicht ein so großartiger Hund gewesen wäre, hätte das damals gewaltig in die Hose gehen können.

Es wurde folgende Szene gedreht: Ein Taschendieb klaut Günter Pfitzmann den Geldbeutel. Bonny sieht das, läuft dem Dieb hinterher und zerrt an seinem Hosenbein. Damit erschreckt sie den Dieb und der lässt das Portemonnaie fallen. Bonny schnappt es sich und bringt es seinem rechtmäßigen Besitzer zurück.

Was wie eine kleine lustige Szene erscheint, ist für einen Hund eine äußerst komplexe Angelegenheit. Heute arbeite ich bei solchen Szenen mit Doubles, das heißt mit Hunden, die sich gleichen wie ein Ei dem anderen, oftmals Geschwister. Einer von ihnen kann gut apportieren, der andere ist gut im Hosenbeinzerren und Knurren, ein dritter hat eine hübsche Mimik. Die Szene wird mit den Doubles in lauter kleinen Einheiten gedreht, die später beim Schneiden aneinandergereiht werden.

Bonny schaffte die ganze Szene allein – und das ohne jede Erfahrung beim Film! Ich durfte ihr noch nicht einmal Kommandos zurufen, denn die wären auf der Tonspur zu hören gewesen. Der Kameramann hatte zu mir gesagt: „Bleib immer hinter mir." Natürlich wollte er nicht, dass ich ins Bild laufe. So war Bonny manchmal 20 Meter weit von mir weg und tat dennoch, was von ihr erwartet wurde. Ein derart intelligentes Tier wie Bonny habe ich nie wieder gehabt. Heute gebe ich mich nicht mehr damit zufrieden, nur zuzusehen. Ich will genau wissen, welcher Bildausschnitt jeweils aufgenommen wird, damit ich so nahe am Tier sein kann wie möglich.

Während unserer ersten Dreharbeiten haben wir lustige Dinge erlebt. Zum Beispiel war es so, dass die Szene mit dem Geldbeutel an einem See spielte. Kurz bevor es losgehen sollte, hopste meine Bonny ins Wasser! Sie liebte Wasser über alles, doch als sie wieder herauskam, war sie ganz grün von den Wasserpflanzen und sah aus wie ein Monster! Schnell musste ich Bonnys Fell reinigen und föhnen. Das habe ich mir natürlich gemerkt: Seither nehme ich Hunde, mit denen Filmszenen am Wasser gedreht werden, vorsichtshalber an die Leine. Denn beim Film ist jede Minute bares Geld und den Unmut von Regisseuren weckt man besser nicht.

Eine einzige Schwäche hatte Bonny, die auch bei unserem ersten Einsatz sichtbar wurde: Da sie als kleiner Hund von einer Biene gestochen worden war, hatte sie panische Angst vor diesen Insekten. Als wir am See drehten, kamen auf einmal ein paar von ihnen angeflogen, sie hatten es wohl auf die Schnittchen vom Cateringtisch abgesehen. Kaum hörte Bonny das Summen, wurde sie unruhig und konnte sich auf nichts mehr konzentrieren. Da half kein Zureden, Bitten oder Kommandieren. Ich wusste nicht, was ich machen sollte, ständig war Bienensummen zu hören und Bonny verfiel in Panik. Als ich dem Regisseur die Situation erklärte, fand er eine Lösung: Ein Assistent bekam die Aufgabe, mit einem großen Fächer alle Bienen wegzuscheuchen, damit Bonny sich beruhigen konnte.

Damals fand ich es sehr lustig, dass ein Mensch die ganze Zeit mit einem Fächer wedelt, damit ein Hund in Ruhe arbeiten kann. Ich habe daraus aber gelernt, wie wichtig es ist, die richtigen Bedingungen für ein Tier zu schaffen. Normalerweise kümmert sich beim Film niemand um die Bedürfnisse des Kollegen auf vier Pfoten – und der Regisseur will seine Bilder, egal wie. Allein der Trainer hat dafür zu sorgen, dass das Tier die nötigen Ruhephasen bekommt, dass ihm nicht zu heiß oder zu kalt ist, dass es nur am Set ist, wenn es auch wirklich gebraucht wird, dass es nicht durch unendlich viele Wiederholungen ermüdet wird. Rundherum muss einfach alles stimmen, damit sich das Filmtier wohlfühlt und von seiner besten Seite zeigen kann – das ist genauso wie bei den zweibeinigen Schauspielern.

Und eines möchte ich ganz klar sagen: Meine Tiere spielen in Filmen mit, weil es ihnen Spaß macht. Ich arbeite nie mit Druck, Drohungen oder gar mit Bestrafungen oder Schlägen. Ich liebe Tiere viel zu sehr, als dass ich sie quälen würde, damit sie genau das tun, was der Regisseur will. Und: Da Tiere nicht reden können, um ihre Bedürfnisse zu äußern, bin ich für meine Stars verantwortlich und sorge dafür, dass sie es gut haben am Set.

Der ruinierte Live-Auftritt

Bonnys Angst vor Bienen ruinierte übrigens auch ihren ersten großen Live-Auftritt. Einige Jahre nach unserem ersten Filmauftrag wurden wir nach München zu einer Tiersendung eingeladen. Bonny stand dort vor schwierigen Aufgaben: Sie sollte ins Studio laufen, den Hörer von einem klingelnden Telefon abheben und diesen an einen Herrn weiterreichen. Einem anderen Studiogast, der mit Tierversuchen zu tun hatte, sollte sie am Hosenbein zerren – und vieles andere mehr. Wir hatten alles geübt und sie beherrschte die Aktionen aus dem Effeff. Die Generalprobe lief wie am Schnürchen. Doch gerade als wir auf Sendung gegangen waren, segelte eine Biene ins Studio, weiß der Himmel, woher die kam. Damit war für Bonny die Sache vorbei: Kaum hörte die das Bienensummen, war sie starr vor Angst. Als sie an der Reihe war, rührte sie sich nicht von der Stelle. Nichts half, weder Bitten noch gutes Zureden – die Sendung war gelaufen.

Damals schämte ich mich schrecklich. Natürlich nahm ich es Bonny nicht übel, dass sie so reagiert hatte. Ich kannte sie ja gut genug und fühlte mit ihr: Wer Panik hat, kann eben nicht konzentriert arbeiten. Ich wusste aber, dass meine Mutter erwartungsvoll zu Hause vor dem Fernseher saß. Sie hatte den ganzen Nachmittag lang alle ihre Freunde und Verwandten angerufen, damit sie ja nicht Bonnys großen Live-Auftritt verpassten. Nun stand ich hinter der Kamera und konnte nichts machen. Die Mitglieder des Fernsehteams blieben höflich, aber enttäuscht waren sie doch. Am liebsten hätte ich meine Bonny genommen und mich mit ihr im hintersten Winkel verkrochen. Tiere sind eben keine Maschinen, die auf Knopfdruck reagieren. Und dass gerade meine perfekte Bonny diesen einen schwachen Punkt hatte, dafür liebte ich sie im Grunde noch mehr.

In die Trickkiste gegriffen

Bei meinen ersten Dreharbeiten wusste ich noch nicht, dass es für einen Tiertrainer selbstverständlich ist, vor der Arbeit am Set das Drehbuch zu lesen. Denn dann kann er sich auf die Szenen, in denen seine Tiere mitspielen, optimal vorbereiten. Genauso wie Schauspieler brauchen auch Tiere Zeit, um etwas zu lernen. Wie lange das dauert, hängt vom Tier und von der Schwierigkeit der Szene ab. Natürlich ist es viel einfacher, einem Hund das Apportieren beizubringen als Hühnern das Tanzen – dass das aber nicht unmöglich ist, erfahren Sie später. Zwar lernte Bonny in rasantem Tempo, dennoch brauchte auch sie einen gewissen Vorlauf, um sich auf eine neue Szene einzustellen. Das wurde mir bewusst, als dem Regisseur während der Dreharbeiten zu „Berliner Weiße mit Schuß" eine neue Szene einfiel, die aus dem Stand gedreht werden sollte. Dabei war gewünscht, dass Bonny Günter Pfitzmann in die Arme springt. Das ist allerdings schwierig, denn wenn ein Hund einen Menschen nicht kennt, tut er das normalerweise nicht. Da wir keine Zeit hatten, Bonny an Günter Pfitzmann zu gewöhnen, fanden wir eine andere Lösung: Ich zog die Kleider des Schauspielers an und die Kamera filmte von hinten über meine Schulter hinweg, wie Bonny mir in die Arme sprang. Dann wurde geschnitten und im nächsten Moment hatte Günter Pfitzmann Bonny auf dem Arm. Weil ich viel kleiner war als er, musste ich mich bei der Aufnahme auf eine Kiste stellen.

Heute lasse sich solche Schnellschüsse nicht mehr zu. Jede Szene muss vorher besprochen sein, damit ich Zeit habe, sie mit Hund und Schauspieler einzuüben. So bin ich bereits einige Tage vor Drehbeginn vor Ort, um mir die Gegebenheiten anzusehen. Unumgänglich sind außerdem die „Schauspieler-Kennenlerntage", an denen sich die menschlichen und tierischen Filmpartner beschnuppern und miteinander vertraut machen. Mittlerweile bin ich so lange im Geschäft, dass ich eine Menge Tricks kenne, um meine Tiere optimal in Szene zu setzen. Das kann für Regie und Kameramann sehr hilfreich sein, denn mit etwas Geduld und ein wenig Mühe entstehen so oftmals viel schönere Bilder. Bei meinen ersten Dreharbeiten in Berlin habe ich außerdem festgestellt, dass ich am schnellsten lerne, wenn ich Fragen stelle. Umso besser, dass ich noch nie Scheu hatte, auf Menschen zuzugehen, seien sie auch noch so berühmt. Nur wenn man mit den Menschen spricht, erfährt

man, was sie wollen. So machten Bonny und ich unsere ersten
Erfahrungen beim Film. Alle waren zufrieden und glücklich.

Briefe für Bonny

Ich wollte meine Bonny unbedingt bekannt machen. Dafür war
ich auch bereit, Zeit und Arbeit zu investieren. Wie viel, lässt
sich an der folgenden Geschichte erkennen: Als ich etwa 20 Jahre alt war, hatte ich durch meine Hartnäckigkeit erreicht, dass
der *Saarländische Rundfunk* eine zehnminütige Reportage über
mich und Bonny drehte. Nachdem diese ausgestrahlt worden
war, überredete ich meine Schwester, mit mir zusammen „Zu-
schauerbriefe" zu verfassen, in denen wir mit Worten über-
schäumender Begeisterung zum Ausdruck brachten, wie beeindruckt wir von Bonny und ihren Kunststücken waren und dass
wir diesen Hund möglichst bald wieder im Fernsehen sehen
wollten. Über 100 Briefe schrieben wir auf unterschiedlichem
Briefpapier und mit verschiedenfarbiger Tinte und warfen sie
im Umkreis von 50 Kilometern in die Briefkästen. Wir hielten
uns für besonders clever.

Trotz meines Einsatzes hörte ich eineinhalb Jahre nichts vom
Saarländischen Rundfunk, als mich der damalige Redakteur,
Herr Benze, plötzlich kontaktierte und zu einer Ausgabe von
„Reden ist Gold" einlud. In dieser Sendung durften jeweils fünf
junge Menschen, die alle irgendetwas Außergewöhnliches
machten, etwa 20 Minuten über sich und ihr Leben sprechen.
Man traf sich bereits am Vorabend zum Kennenlernen und
Herr Benze stellte uns kurz vor. Als die Reihe an mich kam, erklärte er lächelnd: „Und das ist Tatjana Zimek. Sie hat uns vor
eineinhalb Jahren über 100 Briefe geschrieben, um uns mitzuteilen, wie großartig ihr Hund ist." Das war mir ganz schön
peinlich.

Kapitel 3
Ein Leihschwein, vier Katzen und der Zwerghahn Kleopatra

Bald schon wurde die nächste tierische Aufgabe an mich herangetragen. Diesmal fragte der *Südwestrundfunk* an, ob er bei mir eine schwarze Katze buchen könnte.

Meine frühen Erfahrungen mit Katzen

Gebraucht wurde sie für einen Lena-Odenthal-„Tatort" mit Ulrike Folkerts. Klar, sagte ich – obwohl das gar nicht stimmte. Ich hatte noch nie mit Katzen gearbeitet und sie sind bekannt dafür, dass sie ihren eigenen Kopf haben. Wer je eine Katze zu Hause hatte, der weiß, wovon ich rede. Es gibt kaum ein unabhängigeres Tier. Und wer mit Lob oder Belohnung nicht leicht zu kriegen ist, lässt sich nicht so einfach trainieren. Dennoch war ich mir sicher, dass ich das schaffen würde.

Doch zuerst einmal musste ich herausfinden, woher ich eine schwarze Katze bekommen konnte, um sie auf die Schnelle in das Hauskätzchen der Kommissarin Lena Odenthal zu verwandeln. Da ich bei meinen Dreharbeiten mit Bonny gelernt hatte, dass es besser ist, mit Doubles zu arbeiten, suchte ich dieses Mal auch gleich einen Doppelgänger. Smooky fand ich bei einer Bekannten, die von dem Gedanken, ihre Katze zusammen mit Ulrike Folkerts im Fernsehen zu sehen, begeistert war. Aber woher die zweite nehmen? Die Zeit drängte, da sagte Mike, ein Freund von mir, plötzlich: „Kein Problem. Mein Vater hat einen schwarzen Kater. Der heißt Garfield."

Und dann taten wir etwas Unglaubliches: Wir stahlen Garfield aus der Wohnung, ohne Mikes Vater etwas davon zu sagen. Ich brauchte die Katze ja sofort. Und Mikes Vater war bei der Arbeit und konnte nicht gefragt werden. „Macht nichts", sagte Mike, „mein Vater wäre bestimmt einverstanden. Garfield ist oft tagelang unterwegs. Jetzt macht er halt mal einen Ausflug ans Filmset."

Gesagt, getan. Mit Mikes Schlüssel öffneten wir die Tür zur Wohnung seines Vaters und drangen klammheimlich ein. Zur Sicherheit musste mein Cousin vor dem Haus Schmiere stehen. Ein Pfiff, sollte Mikes Vater unerwartet auftauchen, und wir wären gewarnt. Denn selbst wenn er nichts dagegen gehabt hätte, dass Garfield zum Film geht, von ihm in seiner Wohnung angetroffen zu werden, ohne dass er etwas wusste, wäre mir doch zu peinlich gewesen.

Was man nicht alles tut, wenn man jung und von einer Idee besessen ist! In der fremden Wohnung fühlte ich mich wie eine Einbrecherin, im Grunde war ich das ja auch. Garfield ließ sich zunächst nicht blicken und es gelang mir erst nach langem Locken und Rufen, ihn auf den Arm zu nehmen. Da ertönte der Pfiff! Und ich, die Beute im Arm, riss in Panik das Fenster auf und tat einen kühnen Sprung hinaus! Dabei schlug ich mir heftig das Knie auf – und dann war es falscher Alarm. Es war gar nicht Mikes Vater, der die Straße heraufkam, aber mein Cousin, der genauso nervös war wie wir, wollte lieber auf Nummer sicher gehen.

Garfield und Smooky machten ihre Sache am Set gut. Die Aufgaben waren relativ einfach, sonst hätte das in der Kürze der Zeit auch gar nicht geklappt. Die Katzen mussten von A nach B laufen, an Ulrike Folkerts Beine entlangstreifen und sich auf den Arm nehmen lassen – wie es sich für eine Hausmieze gehört. Für untrainierte Katzen ist das eine echte Herausforderung. Nach zwei Tagen schließlich brachten wir Garfield heimlich zurück. Mikes Vater hat sich nie über sein Ausbleiben gewundert. Er weiß bis heute nicht, dass sein Kater eine kleine

Rolle als Filmstar hatte. Mir aber war klar, dass ich so etwas nie mehr machen wollte, früher oder später würde ich meine eigenen Katzen haben.

Die Findelkatze

Eines Tages entdeckte ich beim Spazierengehen ein kleines getigertes Kätzchen mit Schniefnase und vereiterten Augen am Wegrand. Die Kleine hatte den Katzenschnupfen und der kann bei jungen Tieren tödlich enden, wenn er nicht behandelt wird. Natürlich nahm ich das arme Kerlchen mit nach Hause und pflegte es gesund. Und so kam Bubblegum in unsere Wohngemeinschaft. Dass nicht nur Hunde, sondern auch Katzen beim Film gefragt waren, hatte ich ja bereits gelernt. Mit Bubblegum hatte ich die erste Katze, die ich für Aufnahmen trainierte. Und mein kleiner Tiger hatte hübsche Showauftritte, zum Beispiel in der Sendung „Einfach tierisch" bei *RTL plus*.

Leider starb Bubblegum schon ein Jahr später – meine erste Bekanntschaft mit dem Tod einer meiner Lieben. Eines Abends kam er nicht nach Hause und am Morgen fand ich ihn überfahren auf der Straße. Wir waren alle sehr traurig, auch Bonny, denn die beiden hatten sich ausgezeichnet verstanden.

Einstein, der weiße Kater

Später kam Einstein, mein erster Maine Coon, zu uns. Mit ihm habe ich unter anderem einen Werbespot für Alpina-Farben gedreht, in dem er ziemlich schwierige Aufgaben erledigen musste. Er saß zum Beispiel auf einem Sofa und „sprach", was natürlich animiert und synchronisiert wurde. Aber die Mimik musste dazu passen. Und dabei war ich noch weit davon entfernt, eine erfahrene Tiertrainerin zu sein.

Mit Einstein erlebte ich schöne Sachen. Er war Filmpartner von Hannelore Elsner in „Die Kommissarin", und in der Folge „Kater Ralf" aus der Serie „Der Millionär" im *ZDF* spielte er die

Hauptrolle. Dabei musste er Treppen steigen, im Auto mitfahren, am Mittagstisch sitzen und sich füttern lassen und vieles andere mehr. Das ist nun schon 16 Jahre her. Dennoch bekomme ich heute immer wieder Angebote, die sich auf diese Arbeit mit Einstein beziehen.

Auch in unserem Viertel war Einstein eine Berühmtheit. Ich wohnte mit meinen Eltern im dritten Stock. Wenn er mal raus wollte, ging er ins Treppenhaus, in dem immer viele Kinderwagen standen. Er setzte sich am liebsten in die Körbe unten an den Wagen und ließ sich dann von den Müttern durch die Gegend kutschieren. Irgendwann stieg er aus und spazierte wieder nach Hause.

Die „Tatort"-Mieze

Mein dritter Kater hieß Krypton. Ihn schaffte ich mir wegen der Serie „Tatort" an, da ich immer wieder nach einer schwarzen Katze gefragt wurde. Inzwischen hielt ich es doch für besser, mit einem eigenen Tier zu arbeiten. Krypton fand ich bei Frau Fritz von der „Landauer Tierrettung", die ihre ganze Energie ausgesetzten Katzen widmet; in ihrem Haus leben über 100. Darunter sind einige mit nur einem Auge, mit drei Pfoten, kurzum Katzen, die sonst keiner mehr aufnehmen würde. Wenn möglich, vermittelt sie die Tiere weiter. Sie verlangt dafür kein Geld, freut sich aber über Spenden. So erwarb ich meinen Krypton, der damals acht Monate alt war, für 50 D-Mark. Aus dem heimatlosen Tier wurde damit der „Tatort"-Kater an der Seite von Ulrike Folkerts.

Ich hatte riesiges Glück, dass ich mit dieser Schauspielerin arbeiten konnte – und Krypton auch. Sie selbst hat zu Hause drei Katzen und zwei Hunde und kann wunderbar mit Tieren umgehen. Kryptons Aufgabe war, bei ihr im Bett zu liegen, unter dem Frühstückstisch zu sitzen, um ihre Beine zu streichen, wenn sie nach Hause kommt – er sollte sich verhalten wie eine normale Hauskatze. Krypton mochte Ulrike Folkerts gern und sie ihn, was die Arbeit ungemein erleichterte. Inzwischen werde ich leider nur noch zum „Tatort" geholt, wenn besonders schwierige Szenen zu meistern sind. Die allgemeinen Sparmaßnahmen zeigen auch hier ihre Wirkung.

Krypton lebt heute nicht mehr bei mir. Eines Tages, nach vier, fünf Jahren, verschwand er einfach, wie Katzen das oft tun. Wenn sie nicht nur in der Wohnung gehalten werden, sondern auch ins Freie dürfen, wie es ihrer Natur entspricht, kommt so etwas immer wieder vor. Die Katzen bleiben einfach weg und man weiß nie, ob sie überfahren worden sind oder sich einfach ein neues Zuhause gesucht haben.

Ein Bodyguard für Bonny

Fünf Jahre nach meinem ersten Dreh mit Bonny und Günter Pfitzmann in Berlin meldete sich Peter Deutsch, ein Freund des damaligen Regisseurs Ralf Gregan, bei mir. Er brauche einen Schäferhund. „Klar", sagte ich, „kein Problem." Auch wenn es bisher nur ein großer Traum von mir war, einen Schäferhund zu besitzen. Wenn ich zu der Zeit nicht gerade beschäftigt war mit Bonny zu trainieren oder lernte, ging ich mit Hunden aus der Nachbarschaft spazieren und auf den Übungsplatz, denn viele Besitzer hatten dafür keine Zeit. So verdiente ich mir ein Taschengeld dazu. Unter diesen Hunden war auch ein Schäferhund, den ich besonders ins Herz geschlossen hatte. Seine Besitzer hielten ihn in einem Zwinger aus Beton und jedes Mal, wenn ich ihn zu Hause ablieferte, brach es mir fast das Herz. Ich hätte ihn gern mitgenommen, aber leider wollte sein Frauchen das nicht, denn er war ein Rassehund mit Papieren und richtig viel wert.

Als aber die Anfrage wegen der Filmrolle für einen Schäferhund auf dem Tisch lag, war meine Stunde gekommen. Meine

Eltern, besonders mein Vater, waren strikt dagegen, noch mehr Tiere zu beherbergen, immerhin hatten sie schon Bonny akzeptiert und das musste genügen. Trotzdem holte ich mir einen Schäferhund namens Benji aus dem Tierheim und erzählte zu Hause, dass ich ihn, wie die Katzen, nur ausgeliehen hätte, um diese Filmrolle zu bekommen. Immerhin verdiente ich ja auch Geld. Mit meinem Engagement hatte ich sogar meinen Vater beeindruckt und so erlaubte er zähneknirschend, dass Benji, der Schäferhund, in unsere Hausgemeinschaft in der engen Fünfzimmerwohnung aufgenommen wurde – unter der Bedingung, dass ich ihn nach getaner Arbeit wieder zurückgeben würde. Und so bereitete ich Benji auf seine erste Filmrolle vor.

Bonny fand das anfangs gar nicht lustig. Auf einmal war sie nicht mehr die Einzige und musste mit diesem neuen Köter zusammenleben! Benji war klug genug, um zu begreifen, dass er immer die Nummer zwei bleiben würde, und er war damit zufrieden. Er liebte mich und er liebte Bonny – Zeit seines Lebens war er so etwas wie ihr großer Beschützer.

Wachhund Benji

Ich war ja so stolz! Überall spazierte ich mit Benji herum und erzählte allen Leuten, dass dies nicht etwa ein Schützling war, den ich für Geld Gassi führte, sondern mein eigener Schäferhund. Und dann wurde natürlich eifrig trainiert, denn niemand Geringeres als der 1999 verstorbene Günter Strack war Benjis Filmpartner in der ZDF-Serie „Mit Leib und Seele", in der Peter Deutsch Regie führte. Mein Schäferhund spielte in den ersten beiden Staffeln einen Wachhund und machte seine Sache ausgezeichnet. Schon bald war er im ganzen Team auch dafür bekannt, dass er einen unglaublichen Appetit hatte. Einmal hatte es sich ergeben, dass der Koch, der für das Catering verantwortlich war, eine Menge Schnitzel übrig hatte. „Darf der Benji die haben?", fragte er mich. Ich hatte nichts dagegen. Als er aber das Tablett mit den frisch gebratenen Schnitzeln zum Abkühlen auf das Dach meines Autos stellen wollte, kehrte Benji seine besten Wachhundeigenschaften heraus. Er knurrte den armen Koch an und zerrte an seinen Hosen. „Du blöder Hund", rief der, „da bring ich dir Schnitzel ohne Ende und muss mich auch noch von dir anknurren lassen!" Ich aber war sehr zufrieden, dass sich Benji nicht so einfach mit ein paar Schnitzeln bestechen ließ.

Bonny spielte in dieser Serie ebenfalls mit, und zwar als Straßenhund, der in die Kirche gelaufen kam, in der Günter Strack Pfarrer war. Manchmal hatte Bonny fast menschliche Züge und verhielt sich sogar wie eine kleine Diva. Wenn Günter Strack erst mich begrüßte und danach Bonny, dann drehte sie beleidigt ihren Kopf weg, als wollte sie sagen: „Nein, jetzt will ich nicht mehr." Als ich Günter erklärte, dass sie gern zuerst begrüßt werden möchte, lachte er und sagte: „Ah, so eine ist das." Aber er hat sich das gemerkt. Wann immer wir uns von da an am Set trafen, beugte er sich als Erstes zu Bonny hinab und knuddelte sie, danach waren ich und Benji an der Reihe. Meistens hatte er auch etwas für die Hunde, ein Stückchen Wurst oder andere Leckerli. Das hat nicht jeder gemacht. Günter Strack war ein unglaublich feiner Mensch und hatte selbst vier wilde Hunde aus einem südlichen Urlaubsland gerettet, er, Benji und Bonny waren ganz dicke Freunde.

Zu viel des Guten

Einmal hat es Günter aber auch übertrieben. Er liebte es, den verfressenen Benji zu füttern: mit Wurst, Käse und anderen Leckereien, die nicht besonders gesund für einen Hund sind. Einmal waren wir während der Dreharbeiten in Aschaffenburg im „Wilden Mann" einquartiert, einem feinen Hotel.

An einem dieser Tage dort hatte Günter Benji so viel Wurst gegeben, dass mich der arme Hund mitten in der Nacht mit jämmerlichem Hecheln weckte. Mir war klar, er musste ganz dringend raus. Wir kamen nur noch bis zum Aufzug, wo Benji eine riesige, stinkende Durchfallpfütze auf dem Teppichboden hinterließ. Mir blieb fast das Herz stehen. Es war 5:00 Uhr, in einer Stunde würden die Geschäftsreisenden aus ihren Zimmern kommen ...

Natürlich habe ich die Sauerei weggeputzt, fragen Sie mich bitte nicht, wie und womit. In der Not findet sich immer eine Lösung. Zum Glück hatte der Teppichboden sowieso eine dunkelbraune Farbe, sodass am Ende eigentlich gar nichts mehr zu sehen war. Nur der Geruch nach Hundedurchfall ließ sich nicht vertreiben, obwohl ich mein ganzes Parfüm versprühte. Nach dieser Nacht erhielt Günter Strack von mir ein ausdrückliches Fütterverbot, das er als Tierfreund auch einhielt.

Wenn eins zum andern kommt

Als die Dreharbeiten abgeschlossen waren, fragte mein Vater, wann Benji denn nun endlich von seinem Besitzer abgeholt würde. Da saß ich ganz schön in der Klemme. Um Zeit zu gewinnen, erfand ich Ausreden. Zuerst sagte ich, der Besitzer sei verreist. Als das nicht mehr glaubhaft war, behauptete ich, er sei schwer krank geworden. Schließlich begriff mein Vater, dass ich ihn angeschwindelt hatte, und stellte mich zur Rede. Ich beichtete alles und gab zu, dass Benji mir gehörte.

Mein Vater war sehr wütend und sagte: „Der Hund muss weg!" Aber ich liebte Benji über alles und konnte ihn unmöglich wieder ins Tierheim bringen. Also schwindelte ich weiter, erzählte, ich hätte eine Anzeige in die Zeitung gesetzt, aber niemand würde sich melden. Das alles zog sich so lange hin, bis mein Vater eines Tages einfach kapitulierte. Von da an haben meine Eltern nie wieder geschimpft, wenn ich ein neues Tier in die Fünfzimmerwohnung brachte.

Heute ist mir klar: Was meine Eltern mitgemacht haben, das hätten andere nicht geduldet. Inzwischen waren ja auch schon die Katzen und Ratte Athene da. Athene hatte ich während meiner Ausbildung zur biologisch-technischen Assistentin, die ich zwischen 1983 und 1987 absolvierte, aus dem Labor mitgehen lassen. Sie war unser Klassenmaskottchen. Während des Unterrichts lief sie von Bank zu Bank und holte sich Leckereien ab. Sie gehorchte aufs Wort und war äußerst intelligent. Konnte sie mal nicht bei mir sein, dann saß sie auf Bonnys Rücken und hielt sich am Fell fest. Damit Athene nicht so allein war, kam bald die Ratte Attila dazu. Benji war der Beschützer dieser Rasselbande und er machte das wunderbar. Als dann auch noch Hamster Amadeus und Hahn Kleopatra einzogen, war die Menagerie perfekt.

Der Bürgermeister und der Hahn

Dass Kleopatra 1987 zu uns kam, verdanke ich, man glaubt es kaum, meinem Vater. Ausgerechnet er, der sich mit der Tierschar in unserer Mietwohnung lange nicht abfinden konnte, brachte mir eines Tages von einem Spaziergang ein Ei mit. Ein benachbarter Geflügelhof hatte die Eier an Passanten verteilt. Im Scherz meinte er, nun könne ich warten, bis etwas Kleines ausschlüpfe. Er staunte nicht schlecht, als eines Tages der Geflügelhof anrief, zu dem ich das Ei zum Ausbrüten zurückgebracht hatte, um mitzuteilen, dass von nun an ein kleiner Hahn zur Familie gehöre. Einspruch gegen unseren neuen Mitbewohner konnte mein Vater in diesem Fall ausnahmsweise nicht erheben.

Das Lästige an Hahn Kleopatra war, dass er jeden Morgen um 5:00 Uhr krähte, das konnte ich ihm einfach nicht abgewöhnen. Ich werde nie vergessen, wie ich 1991 in Berlin mit verschiedenen Tieren drehte und auch Kleopatra dabei hatte.

Im Hotelzimmer nebenan wohnte ein Geschäftsmann, der sich Morgen für Morgen beim Portier darüber beschwerte, dass er in der Früh um fünf von einem Hahn geweckt würde. Alle dachten schon, der gute Mann hätte den Verstand verloren, wo sollte mitten in Berlin ein Hahn krähen? Er selbst zweifelte auch schon an sich. Bis ich am fünften Morgen neben ihm an der Rezeption stand und ihn sowie den Portier darüber aufklärte, dass alles in Ordnung mit ihm war, er hatte einfach nur Kleopatra gehört! Der Mann war ziemlich erleichtert und zum Glück hatte er Humor. Er fand es unglaublich lustig, dass er Zimmernachbar eines Filmhahns war, und sorgte dafür, dass ein paar Journalisten kamen, um darüber eine Reportage zu machen.

Leider fanden die Nachbarn zu Hause in Wörth das Krähen nicht ganz so lustig. Dummerweise wohnte der Bürgermeister direkt über uns, mit ihm hatten wir oft Ärger. Mit seiner Frau verstand ich mich dagegen prima, sie liebte Bonny und ich habe oft auf ihre Tochter aufgepasst. Ich kann ja auch verstehen, dass niemand begeistert ist, wenn er jeden Morgen um fünf per Hahnenschrei geweckt wird – von den anderen Tiergeräuschen ganz zu schweigen. Es war klar, über kurz oder lang musste ich für mich und meine Tiere ein neues Zuhause finden, zumal die Wohnung meiner Eltern schlichtweg überbevölkert war. Meine Familie war wunderbar: Nachdem sie einmal akzeptiert hatte, dass ich diese Tiermacke hatte, machte sie alles mit. Und als meine Tante aus Kroatien mal bei uns zu Besuch war und die Tiere auf den Balkon verbannen wollte, da widersprach ihr sogar mein Vater.

Damals war es einfach so: Die Angebote kamen rein, ich hatte genügend Kampfgeist, um auch die unmöglichsten Aufgaben zu übernehmen, meine Auftraggeber waren begeistert – nur die Umstände stimmten nicht. Eine Fünfzimmerwohnung in einem Wohnblock ist einfach nicht der richtige Ort für eine junge, aufstrebende Filmtiertrainerin wie mich.

Mit einem Puma zum Dreh

Zum Glück war meine Tante gerade nicht zu Besuch, als ich von *SAT.1* gefragt wurde, ob ich einen kleinen Puma hätte. Es sollte ein Trailer als Pausenfüller gedreht werden und die Verantwortlichen hatten sich gedacht, dass ein Pumababy sehr hübsch wäre. Wahrscheinlich hätte jedes andere 23-jährige Mädchen gesagt: „Tut mir leid, mit einem Puma kann ich leider nicht dienen." Nicht so Tatjana Zimek. Ich telefonierte so lange herum, bis ich einen kleinen privaten Zoo in Saarbrücken ausfindig gemacht hatte, der mir einen zehn Wochen alten Puma ausleihen wollte. 14 Tage würde ich ihn zu Hause auf die Dreharbeiten vorbereiten, zwei Tage filmen – fertig.

Also fuhr ich nach Saarbrücken. Der Besitzer des Privatzoos nahm eine Holzkiste, ging in das Pumagehege, packte die kleine Wildkatze am Nackenfell und steckte sie in die Kiste. „Da haste sie", sagte er. Und ich dachte, das sieht ja ganz einfach aus.

Meine ganze Familie war versammelt, als ich die Kiste in unser Wohnzimmer brachte. Alle waren neugierig und gespannt wie die Flitzbogen. Ich hatte ihnen ja schon so manches Tier in die Wohnung gebracht, aber ein Puma war bisher noch nicht dabei gewesen. Ich öffnete die Kiste und griff hinein, so wie es der Mann im Zoo getan hatte. Ich dachte, was der kann, kann ich auch. Aber ich hatte mich getäuscht. Das kleine Wesen da drin fauchte und spuckte wie eine ganze Horde Tiger. Keiner traute sich, das Tier anzufassen. Und auch wenn er aussieht wie ein putziges Plüschtier – ein Puma im zarten Alter von zehn Wochen kann einen Menschen übel verletzen. Also Deckel wieder drauf und zum Telefon gegriffen: Der Zoobesitzer in Saarbrücken wollte sich schier kaputtlachen.

„Wenn die Kleine faucht, hast du etwas falsch gemacht. Es gibt nur ein Geheimnis: mutig reingreifen. Sobald der Puma deine Angst spürt, wird er zum Monster." Mut, okay, dachte ich, und machte ganz mutig den Deckel wieder auf. Das winzige Kerlchen da drin fauchte und spie. Ein Monster, ganz klar. Na warte, du kleines Biest, dachte ich, du wirst schon sehen. Ich ging zum Hundeübungsplatz und holte mir einen Schutzanzug, den man verwendet, um bissige Hunde zu trainieren. So vermummt öffnete ich die Kiste erneut. Es dauerte zwei Tage, bis die Kleine begriff, dass ich mich von ihrem Gefauche nicht beeindrucken ließ. Da wurde sie ganz ruhig. Und nach fünf Tagen ließ sie sich auch ohne Schutzanzug in die Hand nehmen.

Der Rest war einfach. Ich übte mit der kleinen Raubkatze, was sie für den Trailer können musste. Meine Nachbarn allerdings wunderten sich, denn junge Pumas geben ganz eigentümliche Laute von sich. Sie klingen eher wie ein Urwaldvogel oder ein Menschenbaby. „Tatjana", fragte mich eine Nachbarin, „habt ihr jetzt auch noch einen Papagei?" „Jaja", antwortete ich, „einen Papagei." Die Frau verzog das Gesicht. Ich möchte nicht wissen, was sie gesagt hätte, hätte sie geahnt, dass ein kleiner Puma bei uns eingezogen war.

Die Leute von *SAT.1* waren begeistert. Ich aber hatte mich in „Schimansky", wie ich die kleine Pumadame getauft hatte, verliebt. Sie hatte wundervolle blaue Augen, die wie Edelsteine schimmerten. Und nachdem wir uns so richtig kennengelernt hatten, war sie auch unglaublich lieb. Ich weinte, als ich Schimansky wieder im Zoo abgeben musste.

Das Leihschwein

Ein anderes Mal suchte eine Agentur ein Schwein. Für die Werbung einer Luxemburger Bank sollte ein Model mit dem Tier auf dem Arm posieren. Natürlich nahm ich auch diesen Auftrag an. Schweine mochte ich schon immer gern, auch wenn ich damals kaum etwas über sie wusste, schon gar nicht, wie viel so ein Tier wiegt und wie laut es im Ernstfall schreien kann.

Ich fand einen Bauern, rund 50 Kilometer von Wörth entfernt, der bereit war, mir für diesen Auftrag ein Schwein aus-
zuleihen. Nachts um zwölf, damit mich ja keiner der Nachbarn
sah, schleppte ich das 20 Kilo schwere Tier in unsere Wohnung
im dritten Stock. Doch kaum hatte ich das Schweinchen hochgehoben, fing es an zu schreien, und zwar so laut, dass es durch
das ganze Haus hallte. Schweine mögen es allgemein nicht,
hochgehoben zu werden, das wusste ich damals noch nicht,
aber ich hatte ja sowieso keine andere Wahl. Um das Ganze
möglichst schnell hinter mich zu bringen und nicht das ganze
Haus aufzuwecken, sprintete ich mit dem Schwein unter dem
Arm alle drei Stockwerke hoch. Zum Glück erschien kein Nach-
bar in Pantoffeln und Schlafanzug in der Tür!

Dummerweise stellte sich heraus, dass ein so großes Schwein
natürlich viel zu schwer für ein zerbrechliches Model war. Also
musste ich das Tier wieder zurückbringen und gegen ein Ferkel
eintauschen.

Am Set mit Michael Douglas und Melanie Griffith

Zwerghahn Kleopatra, der den Bürgermeister über uns so auf
die Palme brachte, kam, neben einigen weiteren meiner Tiere,
zu ganz besonderen Ehren im Filmgeschäft. Wieder einmal
klingelte bei uns zu Hause das Telefon, diesmal hätte ich es fast
überhört. Gerade noch rechtzeitig hatte ich den Staubsauger ab-
geschaltet. Ich wurde gefragt, ob ich Interesse hätte, an einem
Film mitzuwirken, in dem Michael Douglas die Hauptrolle
spielte. Melanie Griffith sei auch dabei. „Was für eine Frage!"
war meine Antwort, selbstverständlich hatte ich Interesse!

Dieser Auftrag ist ein gutes Beispiel dafür, wie sich langsam,
aber sicher in der Filmbranche verbreitete, was ich tat und mit
welcher Qualität. Die Produktionsfirma des Films „Shining
Through", *20th Century Fox*, hatte meine Telefonnummer von

dem Kollegen erhalten, der mit mir damals „Berliner Weiße mit
Schuß" gedreht hatte. Auch heute noch ist die persönliche
Empfehlung am wichtigsten, um Aufträge zu bekommen. Deshalb gebe ich immer mein Bestes, um zuverlässig das zu halten, was ich verspreche. Ein Patzer verdirbt nicht nur den aktuellen Auftrag, sondern ruiniert den hart erarbeiteten Ruf.

Für „Shining Through" mit Michael Douglas und Melanie
Griffith wurden Bonny, Benji, meine Katzen und ein Hahn benötigt. Bei dieser Gelegenheit lernte ich, dass ziemlich viel Geduld nötig ist, um einen Hahn zu trainieren. Für jedes Tier gilt,
dass es seine eigene Zeit braucht, bis es begreift, dass der Trainer etwas Bestimmtes von ihm will. Man darf nur nicht zu
schnell aufgeben.

Bei Dreharbeiten war und ist mir eine Sache immer ganz
wichtig: Ich wünsche mir ein Foto mit den Hauptdarstellern
und meinen Tieren, das ist für mich die schönste Erinnerung.
Natürlich wollte ich auch gern eines mit Michael Douglas. So
klopfte ich eines Tages beherzt an die Tür seines Wohnwagens
und fragte ihn, ob er Fotos von sich, mir und den Tieren machen lassen würde. Michael war unglaublich freundlich, bat
mich zu warten, bis er fertig geschminkt war, und dann posierte er mit mir und meinen Tieren.

Anders war es mit Melanie Griffith. „Tomorrow", sagte sie
jedes Mal, wenn ich sie fragte, „morgen". Bis ich kapierte, dass
das ihre Art war, Nein zu sagen. Sicher hatte sie ganz andere
Sorgen. Schließlich sah ich ein, dass ich nie zu meinem Foto
kommen würde, wenn ich die Sache nicht selbst in die Hand
nahm. Bei einer besonders bewegten Szene, in der Melanie
Griffith mit Bonny auf dem Arm durch Bombenhagel um ihr
Leben laufen musste, machte ich einfach ein Foto. Sie hatte das
aber gesehen, hielt mitten im Dreh inne, zeigte mit dem Finger auf mich und schrie: „David! She made a foto of me!" Mir
rutschte das Herz in die Hose, alle starrten mich an. David Selt-

zer, der Regisseur, schimpfte: „Wie kannst du jetzt ein Foto machen?" Ich antwortete nur: „Ich hab gar nicht Melanie fotogra-
fiert. Ich hab ein Bild von meinem Hund gemacht. Dass sie ihn
gerade auf dem Arm hat, dafür kann ich doch nichts." Ja, wie
mein Vater oft sagte, ich musste immer das letzte Wort haben.
Das Foto durfte ich übrigens letztendlich sogar behalten.

Die Presse als wichtiger Partner

Ich habe früh erkannt, welch wichtige Rolle die Presse spielt,
wenn man bekannt werden will. Anfangs habe ich daher die
Fernsehsender mit Briefen bombardiert, später habe ich die
Zeitungsredakteure immer wieder angerufen. In den glühends-
ten Farben habe ich ihnen Bonny und die anderen Tiere geschil-
dert und sie dazu überredet, Fotografen und Journalisten vor-
beizuschicken, um eine Reportage zu machen. „Ich will die
Bonny auf der Titelseite sehen!", höre ich mich noch sagen. So
manch einer wird sich gefragt haben: „Ist die verrückt?!" Aber
genau das war mein großes Plus, ich hatte nie Scheu zu sagen,
was ich wollte. Mein Ziel war eine Reportage über Bonny in
Deutschlands größter Tageszeitung.

Ich ließ nicht locker, ließ mich nicht vertrösten oder von Se-
kretärinnen abwimmeln, sondern probierte es immer wieder.
Und siehe da, ich kam ans Ziel. Bestimmt war es meine Begeisterung, die sich auf die Journalisten übertrug, sodass sie dachten: Dieses Mädchen will es wirklich. Und wer weiß, vielleicht
steckt da ja wirklich eine Geschichte für uns drin. So kamen tatsächlich Reporter der *Bild* zu uns nach Wörth und schrieben ein
paar sehr schöne Beiträge über Bonny. Bevor sie abreisten, sagten sie: „Wenn du und Bonny je in Hamburg seid, dann müsst
ihr uns aber besuchen kommen!"

Ein Jahr später war es so weit: Ich war mit Bonny zum Früh-
stücksfernsehen nach Hamburg eingeladen. Dort dachte ich

mir, dass wir ja die Mitarbeiter der Bild-Zeitung besuchen könnten, die uns so nett eingeladen hatten. Der Pförtner wollte uns aber nicht reinlassen – „Einen Hund schon gar nicht", sagte er. Immerhin hatte ich eine Telefonnummer dabei und brachte ihn dazu, in der Redaktion anzurufen. Als die Reporter hörten, dass ich mit Bonny unten beim Pförtner war, konnten sie es kaum glauben. Und tatsächlich holte uns einer von ihnen ab und führte uns durch die gesamte Redaktion. Alle ließen die Arbeit ruhen, um Bonny zu sehen. Sie war damals schon eine kleine Berühmtheit und wurde wie ein echter Filmstar ihr Leben lang von Reportern begleitet, da ich immer dafür sorgte, dass Zeitungsleute mit am Set waren, über die Dreharbeiten berichteten und Fotos mit Schauspielern machten.

Kapitel 4
Meine Bonnyhunde

Dass ich Bonny fast alles verdanke, war mir von Anfang an klar. Sie und ich, wir waren ein Herz und eine Seele. Das sagt man oft so dahin, aber bei uns beiden war das wirklich der Fall. Ja, sie war extrem hübsch und knuddelig, aber das war längst nicht alles. Etwas war in ihrem Wesen, das die Menschen verzauberte. Darauf gründete auch ihr großer Erfolg bei Film und Fernsehen. Sie beherrschte nicht nur viele großartige Kunststücke, sondern hatte dieses gewisse Etwas, das sich nicht greifen lässt, was einen echten Star aber nun mal ausmacht.

Der erste Flug ins Ausland

Mit Bonny hatte ich zahlreiche „erste Male", unter anderem erlebte ich mit ihr meinen ersten Auslandsflug. Und zwar ging es nach Portugal, dort standen Dreharbeiten an. Das war für mich eine wunderschöne Erfahrung: Das gesamte Filmteam flog geschlossen hin und zurück, und da ich nur zwei Tage zu arbeiten hatte, war noch Zeit für einen kurzen Strandurlaub. Eigentlich hätte Bonny während des Flugs in eine Transportbox für Haustiere gemusst, doch da die Produktionsfirma den halben Flieger gebucht hatte, durfte sie bei mir bleiben und hatte sogar einen eigenen Sitz.

Bonny spielte in „Der schöne Mann" einige Szenen mit Max Volkert Martens. Dessen Frau Marianne Lüdcke führte Regie und bei einer Liebesszene musste sie ihn ermuntern, doch ein bisschen aus sich herauszugehen. Einmal sagte sie sogar: „Ich weiß, dass du das viel besser kannst!" Das war sehr lustig: Die Ehefrau spornte ihren Mann an, im Bett mit einer Schauspielerin mehr Temperament zu zeigen. Dass Bonny eine kleine Diva war, habe ich ja schon erzählt. Und einmal hat Max es geschafft, sie zu beleidigen. Während einer Drehpause lief sie zu ihm und wollte mit ihm spielen, doch er hatte gerade keine Zeit und schickte sie unwirsch weg. Das hatte ein Nachspiel, denn als es wieder an die Arbeit ging, wollte Madame Bonny nicht mehr, da konnte auch ich nichts machen. Die Szene musste auf den nächsten Tag verschoben werden. Am nächsten Morgen tat Max dann etwas ganz Wunderbares: Er klaute vom Buffet ein Würstchen für Bonny, kniete sich zu ihr hin und entschuldigte sich ganz ernsthaft bei ihr. Von dem Moment an war Bonny wieder versöhnt.

Bonny wird Mutter

Es ist mein Grundsatz, dass meine Tiere trotz ihres „Berufslebens" beim Film ein echtes „Privatleben" haben. Dazu gehört für mich auch, dass die Hündinnen Junge kriegen dürfen. Im Allgemeinen werden sie bei mir zweimal Mama, auch wenn sie noch so schön sind und ihre Welpen mir gutes Geld einbringen würden – ich möchte meine Tiere nicht ausnutzen, wie das bei Züchtern leider manchmal der Fall ist. Ich will, dass meine Tiere bis ins hohe Alter gesund bleiben, und auch wenn sie längst nicht mehr als Filmhunde „arbeiten" können, sollen sie weiterhin ein schönes Leben genießen.

Bonny sollte die erste Hündin sein, die bei mir Nachwuchs bekam. Mir war sehr wichtig, dass ihre Kinder ihr ähnlich sehen würden. Als sie 1989 zum ersten Mal Junge bekam, war Bonny bereits bekannt wie der sprichwörtliche „bunte Hund". Gemeinsam mit den Redakteuren von *Bild am Sonntag* entwickelte ich eine Reportage-Serie. „Bonny sucht einen Bräutigam" hieß die erste Folge. Hundebesitzer aus ganz Deutschland konnten sich mit ihren Rüden bewerben. Aus Hunderten von

Einsendungen traf ich eine Vorauswahl. Mit den zehn, die übrig blieben, veranstalteten wir dann einen Bonny-Nachmittag. Denn sie sollte sich ihren Bräutigam natürlich selbst aussuchen!

„Bonny heiratet" hieß die nächste Folge, in der die Leser Zeugen wurden, wie Bonny sich ihren Favoriten aussuchte. Leider schaffte es dieser Rüde nicht, sie zu schwängern, also gab es eine neue Folge: „Bonny lässt sich scheiden", die Bräutigamschau wurde wiederholt. Da entschied sich Bonny für einen hübschen Mischling, der nicht nur aussah wie Boomer, mein großes Idol, sondern auch noch so hieß. Das gefiel mir ganz besonders gut – und tatsächlich: Von Boomer bekam Bonny sieben süße Babys. „Bonny wird Mutter" hieß entsprechend die letzte Folge in *Bild am Sonntag*, in der für sechs der Babys ein neues Zuhause gesucht wurde. Balou, die ihrer Mutter am ähnlichsten sah, behielt ich, und auch sie wurde ein ausgezeichneter Filmhund. Sie trat bereits im zarten Alter von fünf Wochen zum ersten Mal mit ihrer Mutter in einer Tiersendung auf.

Vom Experten lernen

Bei all den vielen Tieren, um die ich mich kümmerte, könnte man meinen, ich hätte die Schule vernachlässigt. Das war aber nicht der Fall. Im Gegenteil – ich war mehrmals Klassenbeste. So auch, als ich die mittlere Reife machte. Zu diesem Anlass durfte ich mir ein Buch wünschen. Meine Wahl fiel auf „Ein Hund wird geboren" von Eberhard Trumler. Kein anderer ist so tief in die Psyche des Hundes eingetaucht wie dieser Verhaltensforscher. Wussten Sie, dass es eine richtige Hunde-Wissenschaft gibt, die „Kynologie" genannt wird?

Eberhard Trumler brachte diesen Forschungszweig um Meilensteine voran. Sein großes Interesse galt der Beobachtung von Wildhunden. Er war der Meinung, dass wir unsere Haushunde viel besser verstehen können, wenn wir das Verhalten der Wildhunde kennen, bei denen die ursprünglichen Instinkte noch ausgeprägter und sichtbarer sind. Er gründete 1969 mit anderen Tierforschern wie Konrad Lorenz die „Gesellschaft für Haustierforschung e. V.". Auf der im nördlichen Westerwald gegründeten „Haustierbiologischen Station Wolfswinkel" kreuzte er gezielt Wildhunde und gezüchtete Hunderassen. Seine berühmteste Züchtung waren „Puwos", eine Kreuzung aus Wölfen und Pudeln. Das ist gar nicht so absurd, wie es im ersten Moment vielleicht klingt, denn Pudel sind von allen Hunderassen dem Wolf genetisch am ähnlichsten. Trumler hat wunderbare Bücher geschrieben, die ich nur so verschlang. Als Bonny dann schwanger war, lernte ich sein Buch über die natürliche Hundegeburt fast auswendig. So wurden Bonnys Kinder nach dieser Methode geboren – auch dies in unserer Wörther Fünfzimmerwohnung. Die Nachbarn durften allerdings von all dem nichts mitbekommen. Ich glaube, wenn der Bürgermeister gewusst hätte, dass direkt unter ihm auf natürliche Weise sieben Welpen das Licht der Welt erblickten, wäre er sehr wütend geworden.

Dank einer glücklichen Fügung bin ich Herrn Trumler sogar persönlich begegnet, und zwar bei einer Tiersendung des *Hessischen Rundfunks*. Ich habe ihm von meiner Begeisterung für seine Bücher erzählt und ihm eine Menge Fragen gestellt, die sich aus meiner Arbeit mit Bonny ergeben hatten. Er seinerseits staunte Bauklötze über Bonny und ihre Fähigkeiten. Er sagte, er habe nie für möglich gehalten, dass ein Hund so viel aufnehmen könne. Wir unterhielten uns sehr intensiv und er lud mich in seine Forschungsstation Wolfswinkel in den Westerwald ein. „Komm einfach, und bring Bonny und ihre Kleine mit", sagte er. „Du kannst bleiben, so lange du willst, und mit meinen Tieren arbeiten!" Das hatte ich ganz fest vor. Ich interessierte mich schon damals dafür, wie Hunde und ihre Ahnen natürlich leben und wie sie sich in der Meute verhalten. Vor allem die Wölfe, die auf Trumlers Forschungsstation lebten, hätte ich zu gern kennengelernt. Doch ehe sich ein passender Zeitraum für diesen Besuch fand, ist Eberhard Trumler im Jahr 1991, leider viel zu früh, verstorben. Er hat mich zur Züchtung meiner Bonnyhunde inspiriert und jedes Mal, wenn ein neuer Wurf auf die Welt kommt, denke ich an ihn und seine Puwos.

Ganz besondere Hunde

Bonnys Aussehen und ihr Wesen waren eine Laune der Natur oder reiner Zufall, sie war ja eine heimatlose Cocker-Pudel-Mischlingsdame aus dem Tierheim. Bei ihren Nachkommen wollte ich ein bisschen nachhelfen und achtete schon bei Bonnys erstem Wurf darauf, dass die Jungen ihr möglichst ähnlich würden. Insgesamt wurde Bonny zweimal Hundemutter und auch Balou brachte wunderschöne Welpen zur Welt. Immer behielt ich ein „Mädchen" und verkaufte die anderen.

Wer einen Bonnyhund von mir haben will, muss bestimmte Kriterien erfüllen. Zu allen Besitzern von Bonnyhunden, wie ich Bonnys Nachkommen nenne, habe ich bis heute Kontakt. Ich überzeuge mich regelmäßig persönlich davon, dass es die Hunde gut haben. Daraus entstehen dann sehr schöne Freundschaften. Meine Hunde sind keine anerkannte Rasse und sollen auch niemals so bekannt und verbreitet sein wie beispielsweise Dackel oder Schäferhund. Bonnyhunde sind ganz einfach besondere Hunde für besondere Menschen.

Inzwischen ist Bonny längst im Hundehimmel. Es ist für mich das Schmerzhafteste überhaupt, wenn eines meiner Tiere stirbt. Aber da ein Hundeleben höchstens 16 bis 18 Jahre dauert, musste ich lernen, immer wieder Abschied zu nehmen. Heute leben bei uns Bonnys Ururururenkel, also bereits die sechste Generation. Sie sind genauso knuddelig und wonnig wie ihre Ahnin, haben dasselbe offene, strahlende Wesen, von dem der australische Regisseur Peter Vaughton sagte: „Bonnyhunde sehen aus, als würden sie ständig lächeln." Auch haben sie Bonnys vornehme Posen, ihr Temperament und die schnelle Auffassungsgabe geerbt. Sie alle sind mir ans Herz gewachsen.

Frank Elstner kommt auf ein Tässchen Kaffee

Frank Elstner zum Beispiel hätte sich fast einen Bonnyhund angeschafft. Und das kam so: In meinen ersten Jahren schrieb ich nicht nur alle Fernsehredaktionen an, sondern auch alle Quizmaster und Moderatoren von Fernsehshows. Unter anderem auch Frank Elstner. Und eines Tages, das war 1989, rief er höchstpersönlich bei uns an. Er wollte wissen, ob meine Bonny wirklich so toll sei, wie ich schrieb. „Klar", sagte ich. „Warum kommen Sie nicht mal vorbei und schauen sie sich an?"

Ja, genau das habe er vor, sagte er, er führe morgen nach Baden-Baden und so könne er für eine halbe Stunde bei uns in Wörth reinschauen. Ob mir das passen würde. Und ob mir das passte! Ich bin fast ausgeflippt vor Freude. Die ganze Familie geriet in helle Aufregung. Schließlich kommt nicht alle Tage jemand wie Frank Elstner auf einen Kaffee vorbei. Meine Mutter backte Kuchen und stellte die ganze Wohnung auf den Kopf.

Und dann kam er tatsächlich, in einer riesigen schwarzen Limousine mit einem ganzen Haufen Bodyguards, die erst einmal die Gegend checkten. Eine Nachbarin hing aus dem Fenster unseres Wohnblocks und rief: „Frank Elstner, warum bleiben Sie nicht ein bisschen länger und kommen auch zu mir hoch?" Elstner antwortete gut gelaunt: „Wenn Sie einen guten Kuchen haben, dann bleib ich noch ein bisschen!" Kurz darauf saß er bei meinen Eltern auf der Couch wie der nette Herr von nebenan und sah sich Bonnys Babys an. Von Bonny selbst war er so begeistert, dass er uns in seine Sendung „April, April" einlud.

Kapitel 5
Der Weg in die Selbstständigkeit

Als Balou 1991 zwei hübsche Welpen bekam, behielt ich die kleine Kimba. Damit die Nachbarn nicht mitbekamen, dass meine Familie schon wieder Zuwachs bekommen hatte, musste ich Bonnys Enkeltochter in meiner Sporttasche versteckt aus dem Haus tragen. Erst wenn ich um die nächste Straßenecke gebogen war, konnte ich die Kleine herausholen. Es wurde immer offensichtlicher: Früher oder später musste ein eigenes Heim für mich und meine Tierschar her. Denn meine Begeisterung für Tiere und meinen Beruf war ungebrochen.

Die Liebe kommt auf leisen Pfoten

Inzwischen gab es noch jemanden, der mich interessierte, obwohl er auf zwei Beinen daherkam. Er hieß Mike und war Besitzer zweier schlecht erzogener Huskys. Wir trafen uns beim Spazierengehen, so wie sich Hundebesitzer oft kennenlernen. Erst beschnüffeln sich die Hunde, dann kommt man ins Gespräch. Auch dabei ging es erst noch lange um die Tiere. Mike konnte seine Hunde nicht frei laufen lassen, was ich sehr schade fand. Vor allem Huskys haben ja einen so starken Bewegungsdrang und es ist doch viel schöner, wenn sie im Wald herumtoben können und nicht immer an der Leine gehen müssen. Ich erklärte ihm, wie er seine Hunde erziehen sollte. Er hätte sie auch mal fest am Nackenfell packen müssen, um ihnen zu zeigen, was sie dürfen und was nicht. Doch Mike war viel zu gutmütig und die Huskys machten mit ihm, was sie wollten. Nach und nach wurden wir gute Freunde, täglich gingen wir miteinander im Wald spazieren. Ich nahm seine Hunde unter meine Fittiche und brachte ihnen das Nötigste bei. In meinem Leben drehte sich alles um Tiere, außer der Arbeit auf dem Hundetrainingsplatz und beim Filmen gab es nicht viel. Mit Jungs hatte ich nichts am Hut und es wäre mir überhaupt nicht in den Sinn gekommen, dass mich mit Mike mehr verbinden könnte als das Interesse an Hunden. Das änderte sich, als eines Tages mein roter Panda mit einem großen Herz geschmückt war, auf dem „I love you" stand. Wenn es um Tiere ging, wusste ich ganz genau, was in welcher Situation zu tun war. Aber in der Liebe war ich gänzlich unerfahren. Ganz gegen meine Art verhielt ich mich damals sehr schüchtern. So musste Mike die Sache in die Hand nehmen und noch eine ganze Weile um mich werben, bis es auch bei mir funkte.

Heute ist mir klar, was für ein riesiges Glück ich auch in dieser Hinsicht habe. Es gibt sicher nicht viele Männer, die eine derart starke Passion für Tiere verstehen und teilen könnten. Bei Mike und mir ist es aber so, dass uns gerade die Liebe zu den Tieren verbindet. Und das ist bei meinem Beruf unglaublich wichtig. Ich lebe sehr eng mit meinen Tieren zusammen und ekle mich nicht, wenn einige davon in meinem Bett schlafen. Ich würde nie einen Hund aus meinem Bett verjagen, nur weil mein Partner ihn dort nicht haben will. Eher würde ich mich von dem Mann trennen. Mike und ich sind auf derselben Wellenlänge und sehen die Dinge eher locker. Und das hat uns nicht nur zusammengebracht, sondern schweißt uns täglich mehr zusammen.

Inzwischen ist Mike ebenfalls sehr geschickt im Umgang mit den Tieren. Mike ist übrigens Fotograf und natürlich macht er auch die Bilder von mir und meinen Tieren. Außerdem hilft er mit, wo er gebraucht wird, und das ist häufig der Fall. Wenn ich darüber nachdenke, wie wenig selbstverständlich ein solches Zusammenleben ist, finde ich es immer wieder unglaublich, wie gut wir beruflich und auch privat miteinander harmonieren. Ja, unser Leben ist alles andere als einfach. Die Arbeit geht uns nie aus und der ständige Stress ist nicht immer gut für die Beziehung. Wir wünschen uns oft mehr Ruhe und Zeit füreinander und für Gespräche, die sich nicht ausschließlich um die Tiere und ums Geschäft drehen. Dennoch möchte ich mit niemandem tauschen. Ich habe genau das Leben, das ich immer führen wollte.

Das erste eigene Heim

Es dauerte aber noch eine ganze Weile, bis sich meine Gefühle so entwickelten, nachdem ich das Herz an meinem Auto entdeckt hatte. Zuerst einmal wollte ich den richtigen Ort für mich und meine Tiere finden. Da wurde Mike wieder aktiv und erklärte, wo ein Platz für meine Tiere sei, da sei doch wohl auch einer für ihn. So begannen wir, gemeinsam Pläne zu schmieden. Ein eigenes Häuschen schien uns die beste Lösung zu sein. Und wieder standen die Sterne günstig: Der zuständige Sachbearbeiter von der Sparkasse, Herr Mayer, erklärte sich bereit, uns einen kleinen Kredit einzuräumen – das habe ich ihm bis heute nicht vergessen. Er glaubte damals an mich und meine Idee, eine Filmtierschule zu gründen, auch wenn das ein ziemliches Risiko war. Und so zogen Mike, meine Tiere und ich 1992 in ein Häuschen in der Gemeinde Neupotz nahe Wörth.

Die alte Nachbarschaft atmete auf, als ich mit meinen Tieren endlich auszog. Die neuen Nachbarn wussten noch nicht, was auf sie zukam, und hießen uns freundlich willkommen. Doch mir war schon beim Einzug klar, dass Neupotz nur eine Übergangslösung sein konnte. Bereits damals hatte ich eine Vision: Ich wollte einen Bauernhof, viel Platz, Ställe und Gehege und eine riesige Tierschar. Dennoch waren wir stolz, als wir unser kleines Fachwerkhäuschen in Neupotz bezogen. Es war ziemlich heruntergekommen und wir mussten es von Grund auf renovieren. Die Innenwände verkleideten wir mit Holz und so wurde aus der alten Bude ein schnuckeliges Häuschen. Es gab einen offenen Kamin, und wenn sich im Winter alle meine Tiere um das warme Feuer scharten, war ich ganz und gar glücklich. Natürlich wurden im Garten gleich alle möglichen Käfige und Gehege gebaut.

Und kaum waren wir richtig eingezogen, erfüllte ich mir einen langgehegten Wunsch: ein Hausschwein. Ich holte das Ferkel Penelope, das täglich schwerer wurde, und Sarah, eine Ziege zu uns. Die beiden wuchsen gemeinsam auf und teilen sich bis heute ein Gehege. Daneben bauten wir eine Unterkunft für meinen Hahn Giacomo, der bei der Serie „Die Fallers" des SWF mitspielte, seine drei Hennen und eine Gans. Dann gab es noch einen Taubenschlag und ein Greifvogelgehege für den Uhu und die zwei Raben. Im Haus lebten zehn Ratten, 15 Katzen und zwölf Hunde.

Ein Uhu allein unterwegs

Wenn ich zusah, wie die Tauben ihren Schlag verließen und am Abend wiederkamen, hatte ich Mitleid mit meinem Uhu, der immer im Gehege sitzen musste. Schließlich beschloss ich, dass auch er bei Tag seine Freiheit genießen sollte. Abends trieb ihn der Hunger wieder nach Hause und die Nacht verbrachte er gern in der Voliere.

Das funktionierte eine Weile ganz gut. Nur manchmal kam er nicht nach Hause, und wenn er Hunger hatte, bettelte er auf der Straße wildfremde Leute an. Leider jagte er dabei jungen Müttern einen Riesenschrecken ein, wenn er auf dem Kinderwagen mit ihren Babys landete, mit den Flügeln schlug und damit anzeigte, dass er etwas zu essen wollte. Die Mütter dachten natürlich, er wollte ihr Kind entführen, und sie reagierten mitunter hysterisch. Bei einer Nachbarin ein paar Straßen weiter landete er eines Morgens im Garten, als sie gerade ihren Yorkshireterrier nach draußen ließ, und die gute Frau dachte, der Uhu kommt, um ihr Hündchen zu holen. Die Leute konnten ja nicht wissen, dass mein Uhu zahm und daran gewöhnt war, das Essen aus der Hand eines Menschen zu bekommen. Wenn ich es ihnen zu erklären versuchte, konnten sie nicht so recht daran glauben. Schließlich rief der Bürgermeister bei uns zu Hause an und verbot mir, den Uhu weiterhin frei fliegen zu lassen, er verbreitete zu viel Angst und Schrecken bei der Neupotzer Bevölkerung.

Da ich den armen Kerl nicht ständig hinter Gitter sperren wollte, entschied ich mich schweren Herzens dazu, ihn in die Freiheit zu entlassen. In Koblenz fand ich das passende Auswilderungsprojekt. Der Biologe dort hatte sich darauf spezialisiert, Wildvögel, die in Gefangenschaft lebten, wieder ihrem natürlichen Lebensraum zuzuführen. Unser Uhu kam zunächst in einen 100 Meter langen, 15 Meter breiten und acht Meter hohen Käfig, denn wenn so ein Tier an die Gefangenschaft gewöhnt ist, kann man es nicht einfach fliegen lassen. Zuerst musste der Uhu seine Flugmuskulatur trainieren und lernen, sein Futter selbst zu erjagen, damit er keine Menschen mehr anbettelte und sie damit erschreckte. Ein Jahr lang wurde er in Koblenz vorbereitet, ehe er in die Freiheit entlassen werden konnte. Zunächst hielt der Biologe noch mithilfe eines Sensors an der Klaue Kontakt zu ihm und gab Acht, dass sich der Vogel in der Freiheit zurechtfand. Dann wurde auch der Sensor entfernt – und mein Uhu war frei.

Löwenalarm in Neupotz

Wir lebten schon vier Jahre in Neupotz, als in einem Privatzoo im Saarland ein Löwenbaby geboren wurde, dessen Mutter ihm die Nahrung verweigerte. Das Kleine war schon ganz schwach, und als man mich fragte, ob ich es großziehen wollte, sagte ich natürlich begeistert Ja. Raubkatzen faszinierten mich schon immer, nicht erst, seitdem das Pumababy Schimansky kurze Zeit bei mir gelebt hatte. Heute sehe ich das so: Ich war jung und traute mir alles zu. Bot mir jemand ein interessantes Tier an, dann nahm ich es sofort zu mir.

Als Tara zu uns kam, war sie gerade zwei Tage alt. Ich päppelte die Kleine auf und nach sechs Monaten war sie so groß wie ein Bernhardiner. Wenn ich mit zehn Hunden und Tara an der Leine in Neupotz Gassi ging, merkten die Passanten oft erst auf den zweiten Blick, dass in der Hundeschar auch ein Löwe mitlief. Die Gesichter hätte Sie sehen sollen!

Natürlich gab es Probleme mit den Behörden. Tara hätte ihr erstes Lebensjahr bei mir zu Hause verbringen können. Aber die Nachbarschaft machte einen solchen Aufstand, dass ich mich entschloss, sie bereits mit sieben Monaten abzugeben. Dabei war sie sanft und lieb wie eines meiner Hauskätzchen. Sie lebte mit meinen Hunden und Katzen in unserem Wohnzimmer und war absolut stubenrein. Ich hatte ihr aus einem Betonmischkübel aus dem Baumarkt ein Katzenklo gebaut, und da hüpfte sie hinein, um ihr Geschäft zu erledigen.

Ich fand einen privaten Zoo in Belgien, der Tara aufnehmen wollte. Als sie dann abgeholt wurde, weinten Mike und ich wie zwei Schlosshunde, es hat uns schier das Herz gebrochen, auch wenn ich wusste, dass sie es in ihrem neuen Zuhause gut haben würde. Mir war klar, dass es nicht so einfach war, einen Löwen in eine bestehende Gemeinschaft zu integrieren. Ältere Löwinnen hätten in ihr eine Konkurrentin sehen und sie töten können. Aber dort in Belgien gab es eine junge Gruppe, in die Tara genau hineinpasste.

Wenn ich Tiere abgebe, mache ich es mir nie leicht. Ich will wissen, wie ihr weiteres Schicksal aussieht, sonst finde ich keine Ruhe. Hätte ich damals schon meinen Hof gehabt, hätte ich

Tara niemals hergegeben. So nahm mein alter Wunsch, auf einen Bauernhof zu ziehen, mehr und mehr Gestalt an. Und was man sich wirklich wünscht, das wird auch wahr.

Wunsch nach Veränderung

In der Zeit, in der ich keine Aufträge für Film, Fernsehen oder Werbung hatte, absolvierte ich verschiedene Praktika. Damit erweiterte ich mein Wissen rund um die Tiere und saß nicht einfach zu Hause herum, um auf den nächsten Auftrag zu warten. Ich arbeitete auch als Tierarzthelferin in verschiedenen Praxen oder in meinem gelernten Beruf – meine Ausbildung zur biologisch-technischen Assistentin hatte ich im Jahr 1987 abgeschlossen – bei der Landesuntersuchungsanstalt, wo Nahrungsmittel auf Schadstoffe hin geprüft werden. Mir wurden öfter feste Anstellungen angeboten, aber die hätten sich mit meinen Filmaufträgen nicht vertragen, denn die Anfragen aus dieser Branche flattern sehr unregelmäßig ins Haus – und dann muss immer alles ganz schnell gehen.

Das Leben als selbstständige Filmtiertrainerin hat ganz einfach den Nachteil, dass ich nie richtig planen kann, weil ich nicht weiß, wann der nächste Auftrag kommt. Damit muss man umgehen lernen. Die Aufträge wurden stetig mehr und dann kam der Tag, an dem ich feststellte, dass ich übers Jahr verteilt ausreichend Einkünfte mit meiner Arbeit als Tiertrainerin erzielte. Von da an sahen wir uns nach einem größeren Zuhause um. Es gab viele Menschen, die mich angesichts meiner Pläne warnten, doch ich war zuversichtlich. So wie ich als junges Mädchen an Bonny glaubte, so glaubte ich in diesen ersten Jahren meiner Selbstständigkeit an mich selbst und an meine Fähigkeiten, mit Tieren zu arbeiten. Auch wenn ich später nie wieder eine so intensive Verbindung zu einem Tier aufbauen konnte wie zu Bonny, weil sie damals die Erste und Einzige war, besitze ich doch die Gabe, mich auf die Tiere ganz und gar einzulassen. Natürlich auch, weil ich das will. Das ist für mich das Schönste auf der Welt, egal ob ich mit einem Hund, einer Katze, einem Huhn oder einer Kröte arbeite.

Nach und nach wurde es immer offensichtlicher: Zwar war das Häuschen in Neupotz eine echte Verbesserung im Vergleich zur Wohnung meiner Eltern, aber auch dort wurde es zu eng, weil meine Tierschar wuchs und wuchs. Jeder Auftrag brachte neue Herausforderungen und meistens auch ein neues Tier. Doch nicht nur der Platzmangel, auch die Menschen in der Umgebung wurden zum Problem. Seit ich denken konnte, hatte ich Stress mit meinen Nachbarn. In Wörth sowieso und in Neupotz hatte ich es mir nach den Geschichten mit Uhu und Löwe mit den Nachbarn verscherzt. Ich kann das verstehen, meine Menagerie passte einfach nicht in ein dicht besiedeltes Wohngebiet. Dass Eltern ihre Kinder nicht gern draußen spielen lassen, wenn sie wissen, dass im Nachbarhaus ein Löwe wohnt, kann ich sehr gut nachvollziehen. Als ich dann für den Kinderfilm „Lorenz im Land der Lügner" meine Katzenschar auf 36 Tiere vergrößern musste, war die Geduld meiner Mitbürger endgültig erschöpft. Und mich zermürbten die dauernden Beschwerden.

Ich wollte endlich in Frieden mit meinen Tieren leben und in aller Ruhe meine Tierschule betreiben, dazu brauchte ich Platz und Abstand zu den Menschen, die sich von uns gestört fühlten. Auf der anderen Seite sollte der Ort auch nicht zu abgelegen sein, sodass wir die Filmstudios in München, Köln, Hamburg und Berlin gut erreichen konnten. Wir waren auf der Suche nach einem Fleckchen Erde, wo wir uns ausbreiten durften und die Tiere Platz hatten, wo ich jede einzelne Art ihren Bedürfnissen entsprechend halten konnte und wir niemanden störten. Kurz: Wir wollten einen Ort finden, an dem wir alle, ob Zwei- oder Vierbeiner, glücklich sein würden.

Aber das ist leichter gesagt als getan. Wo sollte ich einen solchen Ort finden? Und noch wichtiger: Wie sollte ich einen Umzug und größere Räume finanzieren? In den Neupotzer Jahren hatten wir eisern gespart und schon bald unseren Kredit bei Herrn Mayer abbezahlt. Das imponierte ihm sehr. Und mein Rechtsanwalt war es schließlich, der den richtigen Ort für uns fand: einen Aussiedlerhof bei Minfeld, einem kleinen Dorf in der Nähe von Kandel bei Karlsruhe – fast schon am Ende der Welt. Doch bis wir dort einziehen konnten, sollte es noch ein halbes Jahr dauern.

Der harte Anfang auf dem Markhof

Der Markhof, wie er ursprünglich hieß, gehörte einer sehr armen Familie, die Haus und Stallungen für Kühe und Schweine aus den billigsten und einfachsten Mitteln selbst gebaut hatte. 20 Jahre lebte sie dort, der Mann starb früh und seine Frau stand danach mit fünf Kindern allein da. Als die aus dem Haus gingen, blieb die Mutter auf dem Hof. Sie erkrankte im Alter an Alzheimer, doch keiner kümmerte sich um die Frau, bis man sie eines Tages völlig verwahrlost und verwirrt antraf. Man brachte sie in ein Heim und niemand wusste, was aus dem Hof werden sollte. Zwei Jahre stand er leer, bis mein Anwalt von diesem Anwesen erfuhr. Und nun begannen zähe und langwierige Verhandlungen.

Das lag daran, dass sich die Kinder der Besitzerin nicht einig waren, ob sie den Hof verkaufen sollten und durften. „Was sagen wir der Mutter, wenn sie wieder gesund wird?" Dass dies bei ihrer Erkrankung leider nicht zu erwarten war, wollte besonders eines der Kinder recht lange nicht einsehen. Selbst als der Termin beim Notar schon ausgemacht war, wussten wir nicht sicher, ob auch dieses Kind seine Unterschrift unter den Kaufvertrag setzen würde. Auf der Fahrt zum Notar betete ich inständig darum, dass alles gut gehen möge. Und Gott sei Dank, alle fünf Kinder unterschrieben und wir bekamen den Hof.

Ich war überglücklich. Zum ersten Mal in meinem Leben fühlte ich mich richtig frei, auf dem Hof würden wir niemanden mehr stören. Endlich hatte ich eine Basis, um meine Träume zu verwirklichen. Gleichzeitig musste ich mir aber, trotz Mike an meiner Seite, die Angst vor dem einsamen Leben auf dem Land eingestehen. Ich fürchtete, ich könnte zwischen all meinen Tieren verwildern. Immer hatte ich in nächster Nähe zu vielen anderen Menschen gelebt. Ich war es gewohnt, dass mich alle kannten, und auf einmal sollte ich so weit draußen wohnen. In mir waren sehr widersprüchliche Gefühle, aber das geht wohl jedem so, der einen solch folgenreichen Schritt unternimmt. Schließlich legte ich mich mit dem Kredit auf Jahre fest und stand am Beginn einer ganz neuen Existenz. Tatsächlich dauerte es nach dem Einzug im Jahr 1999 an die zwei Jahre, bis ich wirklich aus vollem Herzen sagen konnte: Hier bin ich zu Hause. Während dieser Zeit habe ich sogar meine Hunde ins Auto gepackt und bin mit ihnen nach Wörth oder Neupotz gefahren, um dort spazieren zu gehen, wo ich Menschen traf, die mich kannten. Mein Herz war noch dort – und es dauerte, bis ich es nach Minfeld verpflanzen konnte.

Die Eingewöhnung war sehr schwierig, sicher auch deshalb, weil der Markhof, so wie wir ihn gekauft hatten, nicht besonders wohnlich war. Als wir uns nach der ersten großen Freude an die Arbeit machten, merkten wir bald, dass an allen Ecken und Enden mehr zu tun war, als wir gedacht hatten. Alles war derart heruntergekommen, dass wir gar nicht wussten, wo wir anfangen sollten. Der Hof musste erst gründlich bearbeitet werden, und so behielten wir das Haus in Neupotz noch für einige Zeit als Basislager, bis uns das ständige Hin- und Herfahren zu mühsam war und wir unsere Zelte endgültig im neuen Haus aufschlugen. Selbst die Freiflächen rund um die

Gebäude waren mit Gestrüpp zugewuchert. Diese mussten wir nach und nach roden, in mühevoller Kleinarbeit waren wir damit gut und gern zwei Jahre beschäftigt. Brombeerranken erschwerten das Arbeiten, 20 Kisten füllten wir mit leeren Wodkaflaschen, welche die Erntearbeiter von den angrenzenden Feldern in die Büsche geworfen hatten.

Im Haus standen wir vor genauso harten Aufgaben. Es gab weder fließend Wasser noch Strom. Im ersten halben Jahr schliefen wir auf Luftmatratzen und kochten draußen vor dem Haus auf einem Campingkocher. Das Haus innen war stickig, Schimmel wuchs an den Wänden – es musste also grundlegend saniert werden, damit es bewohnbar würde. So haben wir zuerst ein Zimmer hergerichtet, tagsüber draußen gekocht und gelebt und uns Stück für Stück vorangearbeitet. Wochenlang haben wir vergammelte Tapeten abgekratzt und Strom und Wasserleitungen verlegt, ehe wir nach und nach Zimmer für Zimmer renovieren konnten. Bis heute bin ich jedoch noch nicht dazu gekommen, die Wände meines Büros zu streichen. Sowohl mein Geld als auch meine Zeit wurden immer für Wichtigeres gebraucht.

Zuvor säuberten wir die Ställe, um eine erste provisorische Unterkunft für unsere Tiere zu haben. Ganz dick wurden die alten Pferdeboxen mit Stroh und Heu aufgefüllt, hier schliefen die Hunde. Erst viel später konnten wir luxuriösere Zwinger bauen. Dennoch waren sie auch damals glücklich. Wir waren ja bei ihnen und das ist das Wichtigste. Wenn sie mit den Menschen zusammen sein können, die sie lieben und von denen sie geliebt werden, nehmen Hunde vieles in Kauf. Und im Stall hatten sie es sauber und kuschelig.

Ich glaube fast, dass ich den Hof nicht gekauft hätte, wenn ich geahnt hätte, was auf uns zukommen würde. Und als hätten wir nicht schon genug Sorgen, flatterte in diesem Jahr auch noch eine Steuerprüfung ins Haus und als Folge eine saftige

Nachzahlung von 50.000 D-Mark. Das war die schwierigste Zeit in meinem Leben. Wir hatten den Kredit am Hals und der Hof stellte sich als Fass ohne Boden heraus. Und dann auch noch das. Wir mussten eisern sparen, damals gab es – ganz gegen meine sonstige Gewohnheit – nur das billigste Hundefutter, auch wenn es um uns ging, sparten wir wo es nur ging. Alles wurde auf ein Minimum reduziert. Nur so konnten wir diese Talsohle durchschreiten. Diese harten Zeiten haben uns beide und die Tiere geprägt und zusammengeschweißt. Und wieder einmal gab es einen guten Grund, Herrn Mayer von der Sparkasse dankbar zu sein. Er stand diese Durststrecke mit uns durch, auch wenn er jede Woche anrief, um zu fragen, wann endlich die großen Filmaufträge kommen würden.

Heute weiß ich nicht mehr, woher wir damals die Kraft nahmen. Jeden Tag mussten wir die Tiere versorgen, Tierpfleger konnten wir uns ja nicht leisten, wir machten alles selbst. Wir bauten den Hof aus, das Wohnhaus, die Stallungen und die Gehege. Dann die Dreharbeiten, die Geld ins Haus brachten, uns aber für Wochen von zu Hause fernhielten. Mein Vater hat mir damals sehr viel geholfen. Wenn ich mir vorstelle, welches Theater er gemacht hatte, als Benji in unser Haus kam. Und in dieser schweren Zeit war er derjenige, der uns unterstützte, wo er nur konnte.

Wer uns heute auf dem Hof besucht, der staunt, wie fröhlich alles in meiner Lieblingsfarbe Blau erstrahlt. Bewundert die modernen und blitzsauberen Zwinger und Gehege. Der sitzt gern mit uns hinter dem Haus auf der grünen Wiese und kann sich nicht vorstellen, dass dort einst das Brombeergestrüpp meterhoch rankte. Wie viel Schweiß und Mühe in diesem Hof steckt, das wissen nur wir. Und natürlich geht uns die Arbeit auch niemals aus, so viel steht fest.

Mittlerweile kann ich mir mein Leben gar nicht mehr anders vorstellen. Der Hof ist unser Zuhause geworden, und wenn ich von den Dreharbeiten nach Hause komme, dann finde ich hier die nötige Ruhe, um wieder zu mir zu kommen und Kraft zu schöpfen. Über meine Sorge, ich könnte hier draußen verwildern, muss ich heute lächeln. Schließlich sind wir nicht aus der Welt, und wenn ich tatsächlich mal Stadtluft schnuppern will, ins Kino gehen oder ins Theater, fahre ich nach Karlsruhe. Meine Arbeit führt mich sowieso oft genug in die großen Metropolen. Hier draußen kann ich immer wieder durchatmen. Die schönsten Momente sind für mich, wenn alle meine Tiere schlafen und Mike uns ein schönes Abendessen kocht. Ich bin für den Salat zuständig und räume nach dem Essen die Küche wieder auf. Wir genießen unsere gemeinsame Zeit auf dem Hof, und wann immer es geht, fahren wir zusammen zu den Dreharbeiten.

Sakamanga: der Alltag mit den Tieren

Von Anfang an mochte ich den Namen „Markhof" für unser neues Zuhause nicht verwenden. Er gehört zur Vergangenheit, mit uns und den Tieren brach eine neue Zeit an. Ich überlegte lange, wie ich den Hof nennen wollte. Da im Winter bei uns alles unter Wasser steht und man eigentlich immer Gummistiefel braucht, hieß der Hof im Winter „Wasserhof", aber der Name gefiel niemandem. Manchmal nannte ich ihn auch „Schlumpfhausen". Wie schon erwähnt, ist Blau meine Lieblingsfarbe, daher haben wir alles in Schlumpfblau gestrichen: das Haus, die Stallungen, die Gehege, die Gartenmöbel, einfach alles. Als ich dann aber eines Tages hörte, dass „Sakamanga" blaue Katze heißt, entschied ich, dass dieser wunderschöne Name für unser Zuhause genau richtig war.

Um fünf in der Frühe kräht der Hahn – daran hat sich nichts geändert. Ich lasse es dann aber gemütlich angehen. Wenn es das Wetter erlaubt, frühstücke ich im Garten, am liebsten barfuß und im Pyjama. Sofort kommen dann alle meine Hühner angelaufen, die Enten und Gänse. Jeden Morgen begrüße ich sie mit einem Lied „Guten Morgen, liebe Hühner, seid Ihr auch schon wieder wach ...", das gefällt ihnen und der Tag fängt gleich gut an. Das Frühstück genieße ich, da sammle ich Kraft für den ganzen Tag. Denn der wird hektisch, das ist so sicher wie das Amen in der Kirche.

Rund 120 Tiere wollen versorgt werden und jedes hat seine eigenen Bedürfnisse. Heute habe ich Tierpfleger, welche die meiste Arbeit machen, ohne sie könnte ich das alles gar nicht mehr schaffen. Ich bin sehr froh, professionelle Unterstützung zu haben, denn meine eigentliche Aufgabe ist ja, mit Tieren zu trainieren und meine Kontakte zum Filmgeschäft zu pflegen. Da bin ich rund um die Uhr gefragt. Meistens schaffen wir es nicht einmal, ein Mittagessen einzunehmen. Erst abends, meist spät, wenn die Tiere schon längst wieder in ihren Gehegen und Ställen sind und schlafen, ist wieder genügend Ruhe für eine anständige Mahlzeit. An dieses stressige Leben habe ich mich gewöhnt. Und das sind noch die ruhigeren Zeiten in meinem Leben. Bin ich erst wieder „auf Dreh", wie wir sagen, wenn eines unserer Tiere einen Filmauftritt hat, dann geht es erst so richtig los.

Unser Alltag mit den vielen Tieren ist nicht einfach, eine Menge Dinge sind zu beachten. Immerhin leben bei uns sehr unterschiedliche Kreaturen mit ganz eigenen Bedürfnissen. Die meisten halten sich tagsüber im Freien auf: Rehe, Schweine, Rentiere und Hasen, Hühner, Gänse, Katzen und Enten – und natürlich die Hunde. Für die haben wir vier große Gehege, in denen sie in Gruppen aufgeteilt herumtoben können. Die kleinen, die mittelgroßen und die großen Hunde halten sich jeweils in einem Abschnitt auf. Das vierte Gehege gehört den Terriern, die ein bisschen eigen sind. Bei Hunden muss man darauf achten, dass die Meute nicht zu groß wird, sonst gibt es

Streit. Das ist wie bei den Wölfen: In einer Meute gibt es einen Anführer und alle anderen finden dann in dem komplizierten Hierarchiesystem ihren Platz. Kommt ein neues Mitglied hinzu, muss es erst seine Rolle finden. Es gibt zum Beispiel Weibchen, die keine anderen neben sich dulden, und Rüden, die gern der sprichwörtliche Hahn im Korb sind. Darauf muss man Rücksicht nehmen, wenn man Kämpfe vermeiden will.

Wie viel Arbeit allein die Pflege von 120 Tieren macht, können Sie sich wahrscheinlich nicht vorstellen. Täglich werden bei uns beispielsweise die Hundeohren und -augen gereinigt. Bei rund 30 Hunden macht das 60 Ohren und 60 Augen. Dazu kommen die Pfoten und das Fell. Allein damit ist ein Pfleger den ganzen Tag beschäftigt. Außerdem müssen die Unterkünfte gesäubert werden. Wenn man die Hundegehege reinigt, stellt man fest, dass die Tiere täglich rund 25 Kilogramm Kot hinterlassen, einen Rieseneimer voll. Das ist mehr, als sie fressen (täglich 15 Kilogramm). Ich lege großen Wert auf gutes Hundefutter, das allein kostet mich pro Tag rund 50 Euro. Immer abends bekommt jeder Hund einen speziellen Kauartikel für die Zähne, das macht zusätzlich rund 20 Euro pro Tag. Wir haben aber auch noch all die anderen Tiere, die Rehe, die Schweine, die Rentiere, für die ich teures Spezialfutter aus Skandinavien liefern lasse, und noch viele andere. Allein die Mahlzeiten für meine Tiere kosten also eine Menge Geld. Hinzu kommen die Kosten für unseren Tierarzt. Denn auch wenn ich vieles inzwischen selbst kurieren kann, kostet er uns im Schnitt doch 5.000 Euro im Jahr.

Außerdem achte ich sehr darauf, dass meine Tiere absolut sauber sind. Vor jedem Filmauftrag wird ein Hund grundsätzlich gebadet. Und im Sommer gibt es ein Großreinemachen, bei dem jeder Hund in die Wanne kommt. Flaschenweise Hundeshampoo wird da verbraucht. Die langhaarigen Exemplare bekommen zusätzlich eine Spezialspülung, damit das Fell schön glänzt und sich leichter durchkämmen lässt. Bis alle 30 Kandidaten an der Reihe waren, vergehen mindestens drei Tage. Leider sieht man nach kurzer Zeit nicht mehr viel von der ganzen Herrlichkeit, aber das ist in Ordnung.

Ebenso wichtig ist die innere Sauberkeit, das heißt, dass die Tiere keine Erreger oder Parasiten in sich tragen. Schließlich arbeiten sie mit Schauspielern, oft auch mit Kindern, daher muss jede Ansteckungsgefahr oder Übertragung ausgeschlossen sein. Die Amtstierärztin untersucht unsere Tiere routinemäßig und ich achte darauf, dass sie regelmäßig entwurmt werden und sich weder Flöhe noch Zecken im Fell einnisten. Auch die Zahnhygiene spielt eine Rolle: Bei Hunden bildet sich nach einiger Zeit häufig Zahnstein, der für den typischen Hundemundgeruch verantwortlich ist. Kein Schauspieler nimmt aber gern einen Hund auf den Arm, der aus dem Maul stinkt. Darum lasse ich bei meinen Hunden den Zahnstein entfernen und lege für diese Ultraschallbehandlung jeweils 100 bis 140 Euro auf den Tisch.

Außer der Tierpflege fallen auf unserem Hof immer jede Menge anderer Arbeiten an. Die Gehege müssen instand gehalten werden, von den Verbesserungsprojekten ganz zu schweigen. All unsere Hunde übernachten in Schlafhäusern, jeweils zu zweit in einem Zwinger. Die sind im Winter beheizt, damit sie es schön warm haben. Als ich zum Beispiel die Wärmeplatten dafür installieren ließ, habe ich selbst eine Nacht im Hundezwinger verbracht. Ich wollte sicher sein, dass es meine Lieben auch wirklich warm haben, die Hunde können mir am nächsten Morgen ja nicht erzählen, ob sie gefroren haben oder nicht.

Eine gute Portion Zeit braucht man auch, um mit den Hunden spazieren zu gehen. Jeder Hund will mal an etwas anderem schnuppern als immer nur an der gleichen Wiese. Das ist wie beim Zeitunglesen, da begnügen wir uns auch nicht mit alten Ausgaben. Ein Spaziergang außerhalb des Grundstücks, bei dem er anderen Menschen und Tieren begegnet, ist für einen Hund wie eine neue Zeitung. Bei uns leben im Schnitt 30 Hunde. Wenn ich spazieren gehe, habe ich immer drei bis maximal 15 von ihnen dabei. Das erfordert eine ganze Menge Disziplin und die Tiere müssen mir absolut gehorchen. Macht auch nur eines, was es will, ist das Chaos perfekt. Abends um 23:00 Uhr brechen wir zum letzten Spaziergang mit unseren Hunden auf. Bis alle ihre Runde gedreht haben, ist es meist 00:30 Uhr.

Jedes Mal bricht es mir fast das Herz, weil ich nicht alle meine Hunde auf einmal mitnehmen kann. Die Zurückgelassenen stehen dann am Zaun und schauen uns traurig hinterher. Da nützt es auch nicht viel, dass beim nächsten Mal andere an der Reihe sind, denn für Tiere zählt nur der Augenblick, ob sie sich unbändig freuen oder abgrundtief niedergeschlagen sind.

Ähnlich ist es, wenn ich zu Dreharbeiten aufbreche. Sobald wir den Trailer vorfahren und anfangen zu packen, wissen meine Filmhunde ganz genau, was das heißt. Jeder von ihnen will dann mitkommen. „Nimm mich mit", betteln all die Augen hinter dem Zaun. Das liegt daran, dass Dreharbeiten mit einem extrem engen Kontakt zu mir verbunden sind. Am Set haben mich die Tiere ganz für sich allein und bekommen täglich jede Menge Bestätigung. Natürlich lobe ich meine kleinen Stars, wenn sie gute „Arbeit" geleistet haben, auf positiver Bestätigung beruht meine ganze Ausbildung. Wir Menschen reagieren da gar nicht so anders, wir freuen uns auch, wenn wir gelobt werden. Nach einem solchen Abschied bin ich für ein paar Stunden niedergeschlagen. Ich liebe meine Tiere und fühle mit ihnen, ihre dutzendfache Enttäuschung muss ich auf der Fahrt erst einmal abschütteln. Dabei hilft mir, mich auf die kommende Aufgabe zu konzentrieren und auf die anstrengende Arbeit beim Filmen einzustellen.

Sind mein Lebensgefährte Mike und ich bei Dreharbeiten, überlassen wir unserer langjährigen Tierpflegerin Kristin und ihrer Helferin nicht nur die Arbeiten, die sie jeden Tag verrichten, sondern wir vertrauen ihnen den gesamten Hof einschließlich aller Tiere an. Das ist nur möglich, weil wir uns schon lange genug kennen. Bin ich unterwegs, rufe ich täglich zu Hause an, sonst habe ich keine ruhige Minute. Es ist das Schlimmste für mich, wenn ich irgendwo im Ausland oder in Hamburg beziehungsweise München sitze und nicht weiß, was zu Hause los ist. Schließlich geht es hier um Lebewesen, für die ich die Verantwortung trage. Ich muss sagen, dass ich großes Glück mit meinen Tierpflegerinnen habe. Und dennoch gebe ich ständig Acht, dass sich keine Routine einschleicht. Aus diesem Grund komme ich immer mal wieder unangemeldet nach Hause, um mich davon zu überzeugen, dass auch während meiner Abwesenheit alles so läuft, wie ich es mir vorstelle.

Kapitel 6
Aus dem Leben eines Filmhundes

Im Lauf der Jahre habe ich ein eigenes System entwickelt, nach dem ich Filmtiere ausbilde. Das variiert natürlich, abhängig von der Art des Tieres; am einfachsten lassen sich Hunde trainieren. Meine Ausbildung unterscheidet sich von Dressuren wie zum Beispiel für den Zirkus. Dafür werden Nummern einstudiert, die später immer genau gleich und in derselben Umgebung ablaufen: in der Zirkusarena. Filmtiere müssen extrem flexibel sein, denn kaum ein Regisseur verlangt dasselbe wie sein Kollege ein halbes Jahr zuvor. Für Hunde habe ich folgenden Ausbildungszyklus entwickelt, der sich in der Praxis gut bewährt hat. Vor allem erlaubt er es dem Tier in jeder Phase, ganz es selbst zu sein.

Die ersten Jahre

Im ersten Jahr muss ein Welpe bei mir gar nichts lernen, weder „Sitz" noch „Platz" – da darf er einfach Hund sein. Dafür nehme ich ihn überallhin mit, ob zum Flughafen oder zum Pizzaessen, zum Einkaufen und zur Regiebesprechung. Auf diese Weise lernt er das Leben kennen. Er begleitet mich auch an Drehorte und ins Studio, damit er die Luft dort schnuppern und die Atmosphäre spüren kann und auch mal einen anstrengenden Regisseur erlebt. Gleichzeitig gewöhne ich das Tier an mich. Es lernt, dass ich da bin und es beschütze, wo immer es auch mit mir ist. Das alles wird Prägungsarbeit genannt.

Ich beobachte den Hund in dieser Zeit und entscheide von Fall zu Fall, wann es so weit ist, dass wir mit dem Lernen beginnen können, und in welche Richtung das Training gehen wird.

Es gilt, die natürlichen Neigungen und Stärken eines Hundes auszubauen, damit er später ein guter Filmhund wird. Springt ein Hund zum Beispiel gern, trainiere ich ihn überwiegend in dieser Disziplin, apportiert er lieber, dann konzentrieren wir uns darauf. Manche Hunde sind frühreif, andere Spätentwickler. Dobermänner zum Beispiel brauchen immer etwas länger, ihre Psyche ist später reif als die anderer Hunde, darauf nehme ich selbstverständlich Rücksicht. So lasse ich jedem Hund seine individuelle Jugend- und Entwicklungszeit. In der Regel ist er nach einem bis eineinhalb Jahren reif für die Filmtierlehre. Dann werden aus den Kindergartenkindern Lehrlinge.

Hunde als Azubis

Rund ein Jahr dauert bei mir die Ausbildung zum Filmhund. Ob ein bisschen mehr oder ein bisschen weniger Zeit erforderlich ist, hängt davon ab, ob der Hund ein besonders schlaues Kerlchen ist oder eher eine „Dumpfbacke". Letztere brauchen halt ein bisschen länger, was aber nicht heißt, dass sie keine guten Filmhunde werden können. Ganz im Gegenteil, oft sind die weniger aufgeweckten Hunde die zuverlässigsten Schauspieler. Haben sie einmal etwas verinnerlicht, dann vergessen sie das nie wieder.

Während seiner Ausbildung erhält der Hund ein zweistufiges Basistraining. Das ist die Grundlage, auf der wir dann von Fall zu Fall aufbauen können, je nachdem, was die aktuelle Filmrolle verlangt.

Basistraining 1

Im Basistraining 1, wie ich die erste Einheit der Ausbildung zum Filmhund nenne, lernt das Tier zunächst, was Arbeit überhaupt bedeutet. Ein junger Hund weiß ja gar nicht, was das heißt. Ihm muss beigebracht werden, dass er etwas tun soll und dafür Be-

stätigung erhält – nach dem Prinzip von Lernen und Belohnt-
werden. Die ersten Kommandos, die er übt, sind „Sitz" (sich hinsetzen), und „Platz" (sich hinlegen), „Steh" (auf allen vier Beinen stehen) und „Ablegen". „Ablegen" unterscheidet sich von
„Platz" darin, dass der Hund sich nicht nur hinlegt, sondern
auch mit der Schnauze den Boden berührt. Meine Kommandos
verbinde ich von Anfang an mit einem entsprechenden Handzeichen. Die Tonmänner haben es nämlich überhaupt nicht
gern, wenn ich bei der Filmarbeit in die Aktion hineinspreche
muss. Das lässt sich zwar häufig nicht vermeiden, aber zumin-
dest kann ich diese wichtigen und oft vorkommenden Basisan-
weisungen stumm erteilen. Hinzu kommt das Kommando
„Pfötchen geben", und zwar differenziert nach linker und rech-
ter Pfote. Wenn ich also sage „Gib linke Pfote", dann will ich
auch genau diese haben.

Außerdem gehört zum Basistraining das Kommando „Dreh
dich liegend", das heißt, der Hund dreht sich im Liegen um die
eigene Achse, und das Kommando „Dreh dich stehend", bei
dem sich der Hund auf allen vier Pfoten einmal um sich selbst
dreht. „Gib Laut" ist das Kommando zum Bellen. Sage ich
„Schäm dich", legt der Hund die Pfote über die Augen, sodass
es aussieht, als wäre ihm etwas peinlich.

Ein ganz wichtiger Teil des Grundtrainings ist das „Treat-
Stick-Training". Dabei arbeite ich mit einem dünnen Teleskop-
stab, wie ihn Lehrer benutzen, um den Schülern etwas an der
Tafel oder auf einer Landkarte zu zeigen. Beim Hundetraining
setze ich den Treat-Stick eher ein wie ein Dirigent seinen Stab,
ich steuere den Hund sozusagen. Was ein Dirigent aber nicht
tut, das kommt bei Hunden gut an: Ich spieße ein Stückchen
Wurst auf den Treat-Stick, um ihn interessanter zu machen. Mit
dem Leckerbissen dirigiere ich dann die Bewegung des Kopfes
und der Augen. Das ist äußerst praktisch, wenn ein Regisseur
bei Filmaufnahmen möchte, dass der Hund den Blick auf eine

bestimmte Stelle gerichtet hält oder eine Aktion aufmerksam verfolgt. Richte ich beispielsweise das Stöckchen nach oben, hebt der Hund seinen Kopf. Bewege ich es nach unten, senkt er ihn. Mit der richtigen Anweisung kann es dann so aussehen, als ob der Hund nicken oder den Kopf schütteln würde. Der Zuschauer sieht ja nicht, dass die Aufmerksamkeit des Hundes eigentlich einem Würstchen gilt.

So einfach das klingt – der Hund muss diesen Ablauf in mühevoller Kleinarbeit trainieren. Seine natürliche Reaktion wäre in den meisten Fällen ja, aufzuspringen und sich das Würstchen zu schnappen. Er muss also lernen, dass die Aufgabe darin besteht, ruhig sitzen zu bleiben und dem Leckerli mit dem Kopf zu folgen, damit er es danach als Belohnung erhält. Bei einem Auftrag für einen Werbespot sollte einer meiner Hunde vor einer Waschmaschine sitzen und den Drehbewegungen der Trommel mit dem Kopf folgen. Natürlich interessierte er sich nicht die Bohne für die Wäsche, die da gewaschen wurde. Aber er interessierte sich sehr für das Würstchen, das ich hinter der Kamera stehend im selben Rhythmus drehte. Denn er wusste, dass dieser Leckerbissen in seinem Maul landen würde, wenn er seine Sache gut macht. Da wir Menschen Tiere gern derart vermenschlicht sehen, können wir uns an solchen Szenen gar nicht sattsehen und freuen uns, wie menschlich dieser Hund doch reagiert. Und genau darum ist der Treat-Stick für mich als Tiertrainerin so enorm wichtig und aus dem Basistraining nicht wegzudenken.

Genauso elementar ist das „Table Training". Dafür benutze ich ganz normale Tische mit einer Höhe von 80 Zentimetern, die je nach Größe des Hundes unterschiedlich große Tischplatten haben. Ein kleinerer Hund übt auf einem Tisch mit den Maßen 60 mal 60 Zentimeter, ist der Hund größer, misst die Platte 100 mal 100 Zentimeter. Auf diesem Tisch werden alle erwähnten Kommandos geübt. Dafür gibt es zwei Gründe:

Zum einen lernt der Hund, die Kommandos auf einem Podest auszuführen, was beim Filmen sehr häufig vorkommt. Auch für Fotoshootings werden Tiere meistens auf einen Tisch gesetzt, da sich der Fotograf dann nicht flach auf den Boden legen muss. Fast alle jungen Hunde haben Angst, wenn sie keinen sicheren Boden unter den Pfoten haben, auf diese Weise kann ich sie ihnen ganz behutsam nehmen. Ein zweiter Grund für das Training auf dem Tisch ist, dass der Hund dadurch „fixiert" ist. Er kann nicht herumzappeln oder davonlaufen, sondern lernt, sich auf den Platz, an dem er agiert, und meine Kommandos zu konzentrieren.

Nach diesen Übungen kommt das Tragen von Gegenständen. Der Hund lernt in dieser Einheit, einen Pulli, einen Schuh oder ein Kissen – was auch immer – im Maul zu tragen. Hier steht noch nicht das selbstständige Apportieren auf dem Programm, sondern der Hund lernt einfach nur das Transportieren.

Auch „Return" ist ein wichtiges Kommando, mit dem der Hund lernt, rückwärts zu gehen. Dies drückt oft die Unsicherheit oder Angst eines Hundes in einer entsprechenden Filmszene aus. Aber natürlich will ich nicht, dass mein Hund in dieser Szene tatsächlich Angst empfindet. Deshalb muss er, ganz wie ein menschlicher Schauspieler, die Technik parat haben, mit der er ängstlich wirkt, ohne es tatsächlich zu sein.

Und dann gibt es noch das „Posing", das ich mit den Hunden täglich und von frühester Jugend an übe, damit sie eine schöne und positive Ausstrahlung zeigen können, wenn es darauf ankommt. Die entsteht, wenn der Hund eine aufrechte Haltung einnimmt, die Brust durchdrückt, hellwache Augen hat und die Ohren aufstellt. Ich finde es nicht sehr wirkungsvoll, wenn ein Hund auf einem Werbefoto dahockt wie ein Sack Kartoffeln – ohne jegliche Ausstrahlung. Der feine Unterschied entsteht durch die Energie, die das Tier vermittelt. Wenn derselbe Hund schön aufgerichtet dasitzt, mit offenem Blick und gespitzten Ohren, dann wirkt er mit Sicherheit ganz anders auf den Betrachter. Auf dieses gewisse Etwas lege ich großen Wert, die meisten Fotografen wissen das und arbeiten deshalb gern mit mir.

Um einen Hund zu diesem Posing zu veranlassen, ist viel Geduld und ständiges Üben nötig. Ich arbeite grundsätzlich viel mit der bekannten „Klicker"-Methode und die lässt sich auch hier anwenden. Dabei wird eine Belohnung mit einem Klickergeräusch kombiniert, wodurch das Tier nach und nach lernt, dass schon dieses Geräusch eine positive Bestätigung bedeutet. Zudem muss man ein guter Tierpsychologe sein, denn ein Tier schaut nur dann freudig, wenn es sich entsprechend gut fühlt. Ich spreche mit dem Hund und frage ihn beispielsweise nach seinem besten Freund: „Ja wo ist die Cindy, wo ist sie denn ...?" Und der so Angesprochene, der Cindy sehr mag, richtet sich auf, strahlt und sucht nach seinem Freund. Durch das Klicker-Training lernt er nach und nach, dass diese Frage nur dazu führen soll, dass er die gewünschte Haltung einnimmt, nicht, dass er den anderen Hund sucht. Es ist ein Spiel für den Hund, es macht ihm Freude, und deshalb kommt der Ausdruck zustande, der für mich zu einem guten Posing gehört. Allerdings sprechen nicht alle Hunde auf das Klicker-Training an. Bei einigen meiner Tiere funktioniert die Verknüpfung zwischen Bestätigung und Klicker-Geräusch nicht, sie reagieren einfach nicht darauf. In diesen Fällen muss ich auf herkömmliche Bestätigungen, zum Beispiel mündliches Lob oder Leckerli, zurückgreifen.

Das Basisprogramm 1 bedeutet für einen Hund bereits eine Menge Arbeit. Damit es zum Ziel führt, muss es für ihn vor allem positiv besetzt sein – das heißt, es muss ihm Spaß bereiten. Sobald sich ein Hund angestrengt fühlt, wird er keine Fortschritte mehr machen. Um all diese Kommandos einzuüben, braucht man viel Fingerspitzengefühl, damit der Hund nicht die Freude am Lernen verliert. Viele Trainer meinen, wenn sie nur lange und intensiv genug mit einem Tier üben, lernt es am besten. Doch die effektivsten Trainingseinheiten sind extrem kurz. Am Anfang dauern sie eine bis drei Minuten, später drei bis fünf Minuten, dazwischen sollten immer ausreichend Ruhephasen eingebaut werden.

Ein ganz entscheidender Moment während des Trainings ist, wenn das Tier zum ersten Mal begriffen hat, was von ihm verlangt wird, und es – vielleicht auch nur im Ansatz – richtig macht. Dann muss man das Tier sofort bestätigen, loben, belohnen und ihm eine Ruhepause gönnen. Viele Trainer denken, dass es die Übung dann gleich noch einmal machen muss, damit sie sich einprägt, noch mal und noch mal – doch oft erreichen sie damit genau das Gegenteil. Denn diese Wiederholungen verwirren das Tier. Hab ich es denn immer noch nicht richtig gemacht? So könnte es die Vorgehensweise verstehen. Will der Trainer etwas anderes? Erhält das Tier aber eine Belohnung und seine Ruhephase nach dem ersten geglückten Versuch, speichert es dies als positive Erfahrung ab und wird später gern das tun, was von ihm verlangt wird.

Nach jedem Training spiele ich ausgelassen mit meinen Hunden, auch das ist ein ganz wichtiger Bestandteil meiner Ausbildung. Denn nur ein Tier, das einen ausgeprägten Spieltrieb besitzt, macht ein gutes Posing. Außerdem beruht das Prinzip des Lernens voll und ganz auf dem Spieltrieb. Darum darf mich der Hund nach dem Training nach Herzenslust anspringen. Oder ich hole eine Kordel, an deren Enden jeweils einer von uns zieht – alles, was Spaß macht, ist in dieser Phase angesagt. Die Konzentration aus dem Training kann sich so am besten lösen. Wenn ich weiß, womit ein Hund am liebsten spielt, kann ich dieses Wissen auch beim Posing nutzen. Zum Beispiel werfe ich Bällchen in die Luft, um den gewünschten Ausdruck zu bekommen, oder arbeite mit anderen Spielsachen. Bereits im Welpenalter fördere ich die Freude am Spiel, mache einen Knoten in ein altes T-Shirt, und lasse den Hund daran zerren, während ich dagegenhalte. Am Ende aber gewinnt immer der Hund. Er muss das Gefühl haben, dass er der tollste, stärkste und beste Hund auf der ganzen Welt ist. Dieser Teil des Basistrainings dauert ungefähr ein halbes Jahr, dann wird das Gelernte im Basistraining 2 verfeinert.

Basistraining 2

Die Grundkommandos „Sitz", „Platz", „Steh" usw. hat der Hund im Basistraining 1 gelernt. Jetzt geht es darum, die Dimension Zeit ins Spiel zu bringen. Schließlich muss der Hund in einer Filmszene manchmal nur für einen kurzen Moment sitzen, ein anderes Mal vielleicht drei, vier Minuten lang. Aus diesem Grund bringe ich dem Hund in diesem Vertiefungslehrgang die Dauer bei, während der er in einer Position verharren soll. Es ist nicht einfach für einen Hund, zum Beispiel drei Minuten nur das Kommando „Sitz" auszuführen. Doch nun lernt er, dass mit dem Kommando die Position beginnt und er sie so lange beibehalten soll, bis ich entweder sage „So, gut, das reicht" – oder bis er von mir ein neues Kommando erhält.

Um dies zu trainieren, braucht es Geduld, Geduld und nochmals Geduld. Niemals darf ein gereiztes Wort fallen. Verliert der Trainer nur ein einziges Mal die Nerven und schreit den Hund an, richtet er großen Schaden an, für den er später bitter büßen muss. Darum achte ich auch darauf, dass meine Hunde am Set stets freundlich und ruhig behandelt werden. Einmal musste ich dies der wundervollen Schauspielerin Hannelore Elsner ganz genau erklären. In einer Folge von „Die Kommissarin" spielte mein Zwergpudel Billy mit. In seiner Szene sollte er an ihr hochspringen, und als er dies während einer kurzen Drehpause ebenfalls tat, als sie die Szene für sich durchging, wehrte sie ihn ab. Daraufhin erklärte ich ihr, dass ein Tier nicht zwischen Dreh und Drehpause unterscheiden kann. Ich sagte ihr auch, dass Billy ein sehr sensibler Hund ist, der sich so eine Abfuhr zu Herzen nimmt. Und dann wäre es gut möglich, dass er die Szene gar nicht mehr spielt, weil er glaubt, dass er etwas falsch gemacht hat.

Doch zurück zum Basistraining 2: Eine andere Verfeinerung der bereits vertrauten Kommandos sieht so aus, dass sie in rascher Folge hintereinander gegeben werden. So lernt der Hund, mehrere Aktionen in kurzer Zeit zu erfassen und umzusetzen, ohne durcheinanderzukommen. Bis ein Hund sechs oder sieben Kommandos hintereinander in wechselnder Reihenfolge sauber ausführen kann, muss man sehr lange mit ihm üben.

Alle Kommandos, die der Hund im Basistraining 1 auf dem immer gleichen Tisch geübt hat, trainiert er nun am Boden. Und zwar auf den verschiedensten Untergründen: auf Gras, Sand, Erde, Asphalt, Teppichboden, Fliesen – denn ein Filmhund muss in jeder Umgebung arbeiten können. Zusätzlich muss der Hund wissen, wo er jeweils starten soll, dafür setze ich das „Markentraining" ein. Ich verwende dabei den in den USA üblichen Befehl „Go to your mark", auf den hin der Hund die bezeichnete Position einnimmt. Auf diese Stelle wird zuvor mit farbigem Klebeband ein Zeichen auf den Boden geklebt. Das hat für den Regisseur und den Kameramann enorme Vorteile. Der Hund steht immer genau an derselben Stelle und so kann der Kameramann oder Fotograf die Schärfe einstellen, ohne bei jeder Wiederholung nachregulieren zu müssen. Damit arbeiten meine Hunde genauso präzise wie Schauspieler, die ebenfalls auf solche Bodenmarkierungen zurückgreifen.

Sie können sich vorstellen, dass einem Hund auch das nicht leichtfällt. Statt des farbigen Klebestreifens setze ich am Anfang ein Stückchen Holz ein, etwa 20 Zentimeter lang und zwei Zentimeter breit. Mit dem Kommando „Go to your mark" lernt der Hund, zu diesem Hölzchen zu gehen, wo auch immer ich es hinlege, und seine Vorderpfoten darauf zu platzieren. Erst nach und nach ersetze ich dieses Stück Holz durch Klebeband. „Go to your mark" ist eines der wichtigsten Kommandos, weil sich der Hund damit von selbst genau dorthin bewegt, wo er aktiv werden soll. Ich frage den Kameramann, wo der Hund stehen soll, und genau an diese Stelle klebe ich das Band hin. Der Hund weiß dann, was er zu tun hat, sodass die Szene schnell im Kasten ist – was sowohl Zeit als auch Energie spart. Ein Trainer braucht allerdings viel Geduld und enormes Fingerspitzengefühl, bis der Hund so weit ist, dass er in jeder Situation auf seine Position geschickt werden kann. Hat der Hund gelernt, was „Go to your mark" bedeutet, werden alle Kommandos, die er bereits beherrscht, von dieser Position aus geübt.

Doch oftmals muss ein Hund mit völlig fremden Menschen mitlaufen und an verschiedenen Stellen agieren. Natürlich macht er das nicht automatisch, sondern er braucht das Kommando dazu. Dabei bin ich oft weit von ihm entfernt, schließlich will mich der Regisseur nicht im Bild haben. Auch aus der Entfernung muss der Hund auf das Kommando „Geh mit" einen Schauspieler begleiten, an bestimmten Stellen stehen bleiben, sich hinsetzen oder -legen, dann wieder weiterlaufen. Damit wir dies üben können, haben wir auf unserem Grundstück folgende Konstruktion gebaut: Eine Schaufensterpuppe, die ganz normal angezogen ist, hängt an einem 20 Meter langen gespannten Seil. An diesem können wir die Puppe entlangziehen, sodass es aussieht, als würde sie über den Rasen gehen. Wir können sie zwischendurch anhalten und wieder weitergehen lassen, um verschiedene Situationen zu simulieren. „Geh mit", lautet mein Kommando, und der Hund übt daraufhin, an der Seite der Puppe in ihrem Tempo mitzulaufen. Hat der Hund das gelernt, bitten wir Besucher darum, den Schauspieler zu mimen, mit dem der Hund im Ernstfall mitgehen soll. Auch dieses Training ist äußerst differenziert, manchmal bleibt die Person stehen und der Hund soll trotzdem weitergehen oder umgekehrt ... Außerdem wird diese Übung mit den Kommandos „Sitz", „Steh" und „Platz" kombiniert, die ich dem Hund als Handzeichen gebe.

Es gibt sicher einfachere Methoden. Ich könnte dem Schauspieler zum Beispiel ein Leckerli in die Hand geben, dann würde der darauf trainierte Hund auch mit ihm laufen. Ich habe aber herausgefunden, dass besonders jüngere Schauspieler sich nicht mehr auf ihren Text oder ihr Spiel konzentrieren können, wenn sie etwas in der Hand halten und womöglich auf einen Hund achten sollen. Es gibt auch welche, die lehnen es ab, ein Stück Wurst anzufassen, weil dann ihre Hand fettig wird. Darum habe ich mir angewöhnt, möglichst unabhängig von den Schauspielern zu arbeiten und meine Hunde entsprechend zu trainieren. Und das funktioniert wunderbar. Die Schauspieler müssen sich überhaupt nicht mehr um das Tier kümmern, denn ich kann sogar auf zehn Meter Entfernung meinen Hund steuern – wenn nötig sogar stumm mit den eintrainierten Handzeichen.

Stellen Sie sich dazu folgende Szene vor: Der Schauspieler geht einen Weg entlang, der Hund soll ihn begleiten. Also kommt von mir das Kommando „Geh mit". Trifft der Schauspieler jemanden und bleibt stehen, um sich zu unterhalten, dann mache ich das Handzeichen für „Steh", „Sitz" oder „Platz", je nachdem, was der Regisseur wünscht. Geht der Schauspieler weiter, kommt das Handzeichen für „Weiterlaufen". In solchen Situationen beneide ich oft meine amerikanischen Kollegen. Dort ist es üblich, dass Tiertrainer ihren Hunden Kommandos zurufen, das steht sogar in den Verträgen. Mit Zurufen erzielt man sehr viel bessere Ergebnisse als mit Handzeichen. Und wenn der Hund meine Stimme hört, dann gelingt es mir, eine viel schönere Mimik aus ihm herauszuholen. In den USA wird die Tonspur einfach neu aufgenommen, daher spielt es keine

Rolle, wenn viele Stimmen zu hören sind. In Deutschland wird die Tonspur aber meistens gleichzeitig mit dem Bild aufgenommen, da für das andere Verfahren nicht genug Geld zur Verfügung steht. Ein weiteres Verfahren, das amerikanischen Tiertrainern die Arbeit ungemein erleichtert, ist die Verwendung eines sogenannten Green-Screen-Anzugs. Der Trainer schlüpft in diesen grünen Ganzkörperanzug und kann so, auch während die Kamera läuft, sehr nah an seinem Tier agieren. Später, in der Post-Production, wird er einfach herausretuschiert. Eine sehr effiziente Methode, die sich aber in Deutschland ebenfalls aufgrund der kleineren Budgets bislang nicht durchgesetzt hat.

Wenn allerdings eine Szene gedreht werden soll, in der ein Schauspieler meinen Hund anschreien muss, bestehe ich darauf, dass der Schauspieler zwar die entsprechende Mimik zeigt und die Mundbewegungen dazu macht, aber keinen Laut von sich gibt. Unter diese Bilder wird dann später der entsprechende Ton gelegt. Warum das so ist, haben Sie ja schon erfahren. Der Hund könnte sich das Angeschrienwerden schlichtweg zu sehr zu Herzen nehmen. Mit einer einzigen Brüllszene kann die Arbeit von Jahren zerstört werden.

Ein weiteres Lernfeld im Basistraining 2 sind Springübungen. Wenn wir damit beginnen, muss der Hund mindestens ein Jahr alt und seine Knochen und Gelenke müssen ausreichend gefestigt sein. Ansonsten könnte er gesundheitliche Schäden davontragen. Beim Springtraining werden verschiedene Varianten geübt: Der Hund springt auf den Stuhl, auf den Tisch, auf die Couch, über kleine Zäune. Das allgemeine Kommando heißt „Spring" und wird dann präzisiert, beispielsweise „Spring über das Fahrrad", „Spring auf das Auto" und so weiter.

Weiterhin lernt er das Kommando „Pfote". Jeder kennt Bilder, auf denen ein Hund in einem Körbchen liegt, die Pfote elegant über den Rand geschwungen. Das sieht so natürlich aus, dass man denkt, der Hund hätte sich einfach so positioniert.

Aber das ist nicht der Fall, sondern die Reaktion auf das Kommando „Pfote" – nicht zu verwechseln mit „Gib Pfote". Stellen Sie sich vor, ich lasse den Hund auf einen Sessel springen, dann heißt das Kommando: „Spring auf den Sessel". Auf „Sitz" setzt sich der Hund schön hin, und wenn ich dann das Kommando „Pfote" gebe, legt er das Pfötchen über die Sessellehne. Wenn ich statt Pfote „Ablegen" sage, legt er seine Schnauze auf die Lehne. Das Kommando „Pfote" kann man auch sehr schön in Schmuseszenen einsetzen. Der Hund sitzt neben dem Schauspieler, und wenn er das Kommando „Pfote" hört, legt er seine Pfote auf dessen Schenkel. Wer denkt, dass solche Szenen zufällig entstehen, irrt sich. Jede einzelne Bewegung, jeder Blick in einer solchen Abfolge ist von mir, der Trainerin, gesteuert. Der Hund macht das nicht, weil er gerade Lust dazu hat, sondern weil der Regisseur es so will.

Solche Aufgaben bedeuten richtig harte Kopfarbeit für den Hund, ein echtes mentales Training. Lerneinheiten wie diese ermüden ihn rasch. Es ist wichtig, ihm derart komplexe Abläufe in kurzen Trainingseinheiten nach und nach beizubringen. Das Zauberwort heißt Wiederholung, und zwar bis zu zehn Mal am Tag mit immer größeren Pausen oder auch mal einem anderem Lernprogramm dazwischen.

Nach dieser Trainingsphase üben wir mit dem Hund das vollständige Apportieren. Hierbei baue ich auf das Kommando „Tragen" auf, das der Hund bereits aus Basistraining 1 kennt. Dort hat er gelernt, einen Gegenstand im Maul zu tragen, jetzt wird die Sache umfangreicher: Auf das Kommando „Apport Schuh" muss er zu dem Schuh hingehen, ihn selbstständig vom Boden, vom Stuhl oder von der Couch aufnehmen und ihn entweder zu mir, zum Schauspieler oder zu einer Marke bringen. Im letztgenannten Fall folgt auf das Kommando „Apport Schuh" „Go to your mark". Dann wird eines der Kommandos „Sitz", „Platz" oder „Steh" gegeben. In dieser Position muss der

Hund so lange an der Markierung verharren, bis ich ihm sage, wie es weitergeht. Hört er zum Beispiel das Kommando „Spuck es aus", lässt er den Gegenstand los, bei „Bring es dem Schauspieler", nimmt dieser dem Hund den Gegenstand aus dem Maul oder der Hund legt es ihm in den Schoß. Dies mit einem Hund zu erreichen ist echte Künstlerarbeit. Bis er solche Abläufe von Anfang bis Ende in einem Durchgang durchführen kann, ist viel Training nötig. Beherrscht er es aber schließlich, ist er ein echter kleiner Profi.

Im zweiten Teil des Basistrainings wird der Hund auch damit vertraut gemacht, dass ihn die Kommandos von verschiedenen Positionen aus erreichen. Beim ersten Üben stehe ich meistens direkt vor ihm. Beim Filmen kann ich aber unter Umständen nicht im Stehen arbeiten, weil ich vielleicht an der falschen Stelle einen Schatten werfen würde. Dann sagt der Kameramann zu mir: „Tatjana, jetzt musst du in die Knie gehen" oder „Bitte positioniere dich oben auf dem Schrank", damit ich nicht das Bild störe. Doch wenn der Hund daran gewöhnt ist, dass ich ihm immer nur im Stehen Kommandos gebe, wird er nicht reagieren, wenn ich mich auf einmal hinknie.

Die Hunde sind auf jeden einzelnen Parameter geeicht und so genügt eine kleine Veränderung, um ihnen das Gefühl zu geben, dass gerade nicht der Ernstfall ansteht. Darum muss der Hund mich schon vorher in allen möglichen Positionen erleben, zum Beispiel auf dem Boden kniend, sitzend oder liegend. Um für alle Eventualitäten gewappnet zu sein, mache ich die verrücktesten Dinge: Ich klettere auf den Schrank, auf einen Baum oder das Hausdach, verberge mich hinter einem Auto und gebe meine Kommandos von dort aus. Ich verstecke mich auch im Schrank und bringe den Hunden so bei, allein auf meine Stimme zu reagieren. Noch komplizierter wird es dann beim Walkie-Talkie-Training. Der Hund befindet sich beispielsweise allein in einem Zimmer und ich gebe ihm die Kommandos per Walkie-Talkie. Beim ersten Mal machen die meisten ganz verwirrte Gesichter und suchen mich mit den Augen. Sie müssen erst lernen, dass meine Stimme da ist, ich selbst aber nicht. Genau das macht aber einen guten Filmhund aus: Er muss die Kommandos in jeder Situation ausführen, auch dann, wenn er keinen Blickkontakt mit mir hat.

Ist das geschafft, geht es noch weiter: Hunde fürchten sich vor Feuer, das ist ein alter Urinstinkt. Auch vor Donner und Blitz, vor Wind und Regen oder Schnee und Hagel. Doch ein guter Filmhund hat diese Ängste überwunden und kann sein Können, immer im Vertrauen auf mich, selbst unter erschwerten Bedingungen anwenden. Die Einheit heißt „Special-Effect-Training" und es versteht sich von selbst, dass dabei sehr viel Fingerspitzengefühl gefragt ist.

Wenn sich Hunde zum ersten Mal einem Feuer annähern sollen, arbeite ich am liebsten mit Feuerpaste, geliertem Petroleum, das sich immer und überall leicht entzünden lässt. Damit kann ich dem Hund beibringen, nahe am Feuer vorbeizugehen und in dessen Nähe zu liegen, ohne sich zu fürchten. Als Nächstes geht es darum, sich nicht von Regen irritieren zu lassen. Mit einem Rasensprenger beregne ich eine kleine Fläche und der Hund muss lernen, durch den Regen zu laufen. Dazu fällt mir eine schöne Geschichte ein, die mit Bonnys allererstem Werbefilm für die IG-Metall zu tun hat: Die Feuerwehr beregnete für den Dreh eine Fläche von zwei mal fünf Metern und Bonny sollte mit einem Regenschirm in der Schnauze durch den Regen in Richtung Kamera laufen. Ich hatte Bonny an ihre Position gebracht – damals arbeitete ich noch nicht mit „Go to your mark" –, war um den künstlichen Regen herumgegangen und stand nun im Trockenen hinter der Kamera. Als ich sie rief, lief sie nicht etwa durch den Regen, sondern sie machte es mir nach und spazierte drum herum. Alle am Set lachten. Ich brachte sie wieder zu ihrer Ausgangsposition, erklärte ihr alles und nun sollte es losgehen. Bonny aber dachte sich wohl: „Wenn du nicht nass werden willst – ich auch nicht", und folgte mir wieder um den Regen herum. Sie lief erst hindurch, als ich es ihr vorgemacht hatte und dabei ordentlich nass geworden war. Das ganze Team hatte seinen Spaß an dieser Sache. So kam es auch, dass ich überhaupt mit dem Regentraining angefangen habe.

Wenn ich Situationen mit starkem Wind simulieren möchte, nehme ich Ventilatoren und gewöhne die Tiere daran, dass sie meine Kommandos auch dann ausführen, wenn sie dem starken Luftstrom ausgesetzt sind. Mit Schnee werden sie ebenfalls konfrontiert. Zwar habe ich keine Schneemaschine, aber wenn im Winter Schnee liegt, nutze ich das und übe mit allen Tieren Apportieren.

Damit die Tiere weitere Grundängste verlieren, übe ich auch Sprünge aus großer Höhe. Zunächst trainieren wir mit einem Sprungtuch: Gemeinsam mit Tierpflegern und -pflegerinnen halte ich eine Wolldecke an allen Seiten fest und lasse dann einen Hund zunächst aus kleiner Höhe darauf fallen, dann wird der Abstand größer. Der Hund landet natürlich auf seinen Pfoten, aber durch das Tuch wird der Aufprall abgemildert. Bei Filmarbeiten bestehe ich darauf, dass eine dicke Matratze oder ein Sprungtuch verwendet wird, wenn einer meiner Hund beispielsweise aus einem Fenster springen soll, damit keine Schäden an seiner Knochenstruktur, den Gelenken, Sehnen und Bändern entstehen. Ich gefährde die Gesundheit meiner Tiere nicht, nur weil ein Regisseur ein ganz bestimmtes Bild will. Damit der Hund aber aus großer Höhe in ein Tuch oder auf eine weiche Unterlage springt, muss er das üben und seine Angst davor verlieren. Das trainiere ich übrigens auch mit meinen Katzen, die oft für Sprünge eingesetzt werden. Die Tiere lernen dadurch, dass ihnen nichts passiert, und außerdem werden sie für ihren Mut belohnt. Sehr wichtig ist, dass mir das Tier blind vertraut. Und damit das so bleibt, darf ihm nie etwas zustoßen, nicht einmal das kleinste negative Erlebnis. Meine gesamte Filmtierarbeit beruht auf diesem Vertrauen der Tiere: Wenn Tatjana bei mir ist und noch so unglaubliche Dinge von mir verlangt – mir passiert dabei nichts. Ich bin mir darüber im Klaren, welch große Verantwortung dieses bedingungslose Vertrauen meiner Tiere bedeutet.

Auch Hunde brauchen Abwechslung, daher unternehmen wir zwischen den Trainingseinheiten immer etwas. Wir fahren mit ihnen zum Baden, damit sie lernen, im Baggersee zu schwimmen; oder wir tragen einen Hund im Rucksack spazieren oder rollen ihn in einer Schubkarre über das Gelände – lauter Dinge, die Spaß machen und ihn an alle möglichen verrückten Situationen gewöhnen. Auch die Angst vor Autos soll der Hund ablegen, dafür gibt es verschiedene Übungen: Der Hund lernt erst einmal, durch die offene Tür oder in den Kofferraum eines stehenden Autos zu springen. Beherrscht er das, trainiert er es auch bei einem Auto, das langsam fährt. Außerdem bringe ich ihm bei, auf die Kühlerhaube zu springen oder gar aufs Dach und sich dort hinzusetzen. Und er lernt, dort sitzen zu bleiben, auch wenn das Auto langsam anfährt. Alle meine Filmhunde können ganz allein auf dem Dach eines fahrenden Autos sitzen oder stehen – auch das basiert allein auf dem Vertrauen zu mir.

Wann ist ein Hund ein echter „Filmhund"?

Ein echter „Filmhund" kann jederzeit in unterschiedlichsten Situationen eingesetzt werden. Um diesen Titel von mir zu bekommen, muss er Folgendes beherrschen:

▶ Er hat gelernt, alle geübten Kommandos in jeder beliebigen Reihenfolge auszuführen, seien sie ausgesprochen oder als Handzeichen gegeben.

▶ Auf mein Kommando hin geht er zu seiner Markierung und arbeitet von dort aus.

- ► Selbstständiges Apportieren ist für ihn kein Problem.
- ► Das Treat-Stick-Training beherrscht er perfekt, auch aus größerer Entfernung.
- ► Professionelles Posing auf Ansprache ist für ihn eine selbstverständliche Fertigkeit.
- ► Er ist fähig, Übungen oft zu wiederholen, ohne dabei die Lust zu verlieren.
- ► Er lässt sich auch aus der Entfernung in jeder beliebigen Situation steuern.
- ► Er kann mit jedem anderen Tier zusammenarbeiten oder posieren und wird nicht unsicher, wenn neben ihm beispielsweise ein Schwein oder Raubvogel agiert. Ich bin bekannt dafür, dass ich alle möglichen Tiere miteinander arbeiten lassen kann.
- ► Er muss das „Special-Effects-Training" erfolgreich absolviert haben, um für Regen-, Wind-, Donner- oder Feuerszenen nervenstark genug zu sein und sich von widrigen Bedingungen nicht aus dem Konzept bringen zu lassen.
- ► Er beherrscht zusätzlich noch viele Kunststücke wie Sitzmännchen, Umfallen beim Kommando „Peng", Schubladen und Kühlschrank öffnen, einem Schauspieler auf den Arm springen und vieles mehr.
- ► Als Krönung des Ganzen kann er in jedem Augenblick auf Kommando seine Zähne fletschen. Interessanterweise lautet das Kommando hierfür „Smile". Denn wenn der Hund auch noch so aggressiv aussieht, für ihn ist die ganze Sache ein Spiel und das soll es auch bleiben. Einen wirklich aggressiven Hund kann man am Set gar nicht gebrauchen. Dagegen lässt sich ein Hund, der denkt, dass er gut gelaunt lächelt, wenn er die Lefzen hochzieht, oder es für ein Spiel hält, wenn er gefährlich knurrt, jederzeit in eine andere Situation versetzen, ohne dass er sich aufregen und erst einmal beruhigt werden muss.

Die Arbeit als „Schauspieler"

Ein derart austrainierter Hund hat seinen Preis. Die meisten Menschen können sich nicht vorstellen, wie viel Arbeit hinter dieser Ausbildung steckt. Alles sieht so leicht, so spielerisch aus. Ich gebe dem Hund ein paar leise Kommandos – und er funktioniert. Was ist da schon dabei? Dass für solch einen Hund eine entsprechende Tagesgage anfällt, verstehen nur Profis oder diejenigen, die schon einmal leidvolle Erfahrungen mit unprofessionellen Tiertrainern machen mussten. Die Gage – und das gilt nicht nur für die Hunde, sondern auch für seltene und schwierig zu haltende Tiere wie meine Rentiere – kann zwischen 600 und 5.000 Euro pro Tag liegen, je nachdem, wie schwierig die Rolle und wie teuer die Haltung des Tieres ist.

Immer wieder rufen Produzenten bei mir an und erklären, dass sie das Geld für einen ausgebildeten Filmhund nicht aufbringen können. Ihnen biete ich dann die Mitarbeit eines Azubis an, der noch im Training steckt und dessen Gage etwas niedriger ist. Bei Studenten einer Filmakademie, die in der Regel über gar kein Budget für solche Ausgaben verfügen, mache ich auch schon mal eine Ausnahme. Sie können ein Tier ohne Honorar, nur gegen die Kosten für Anfahrt und Verpflegung, buchen. Aber dann lautet die Abmachung, dass der Betreffende, wenn er sich im Filmgeschäft etabliert hat, nur mit mir als Filmtiertrainer arbeitet. Und das war auch schon einige Male der Fall.

Die Arbeitsabläufe

So differenziert die Ausbildung zum Filmhund ist, im Alltag stellt sie nur die Basis dar, auf der ich von Film zu Film aufbaue, um die jeweils geforderten Aufgaben zu erfüllen. Kein Auftrag ist wie der andere: Soll der Hund beispielsweise einen Korb tragen oder in Schuhen gehen, dann trainiere ich ihn speziell darauf. Natürlich schafft das ein Hund, der die beiden Basistrainings hinter sich hat, viel schneller.

Wenn ich ein Filmangebot bekomme, lese ich zunächst das Drehbuch und überlege mir, wie ich welche Szene umsetzen kann. Danach bitte ich um eine detaillierte Regiebesprechung, in der geklärt wird, wie die einzelnen Szenen tatsächlich ablaufen werden. Steht beispielsweise in einem Drehbuch „Der Hund klaut eine Wurst vom Tisch und läuft mit ihr davon", muss ich wissen, wie hoch der Tisch ist, ob der Hund auf einen Stuhl und von dort aus auf den Tisch springen soll. Außerdem muss mir gesagt werden, wie der Tisch gedeckt ist und ob sich der Hund beim Klauen schuldbewusst umschauen soll und so weiter. Je nachdem, wie eine Szene im Detail realisiert wird, muss ich möglicherweise mit Doubles arbeiten, von denen eines zum Beispiel eine besonders schöne Mimik beherrscht und das andere gut im Springen ist.

Oft ist es aber gar nicht möglich, eine Szene so umzusetzen, wie sie geschrieben wurde. Zum Beispiel stand einmal in einem Drehbuch, dass ein Hund fünf Tennisbälle nacheinander ins Maul nehmen und sie dort behalten sollte. Ich sagte dem Regisseur, dass dies rein anatomisch nicht möglich ist. Ein anderes Mal war zu lesen: „Ein Bernhardiner springt aus dem Fenster." Kein Bernhardiner würde das im normalen Leben tun, denn ein solcher Hund ist viel zu schwerfällig für eine derartige Aktion. Außerdem würde er sich bei einem Sprung dieser Art die Gelenke verletzen. Besteht der Regisseur dennoch auf der Szene, muss unter dem Fenster, dort, wo das Tier nach dem Sprung aufkommt, eine extra dicke Matratze liegen. Dies ist beim Drehen zu berücksichtigen, denn wenn auch zu sehen sein soll, wie der Bernhardiner auf dem Boden landet, wird die Szene in kleinen Einheiten gedreht und später passend geschnitten.

All diese Details bespreche ich vorab ganz genau mit den Regisseuren. Mir ist es am liebsten, wenn sie dazu zu uns auf den

Hof kommen, dann kann ich ihnen das Tier zeigen und eventuell Alternativen anbieten. Es geschieht öfter, dass ein Hund nach Fotos ausgewählt wird, sich der Regisseur aber vor Ort, wenn er dann verschiedene Tiere in Aktion sieht, für ein anderes entscheidet. So kommt es, dass an meinem Küchentisch schon viele berühmte Filmleute saßen und wir alle uns Ärger und Energie gespart haben, weil jede Szene vorab genau durchgesprochen wurde. Dennoch kommt es vor, dass das Besprochene am Set völlig vergessen wird.

Das passierte zum Beispiel bei einem Dreh für „Bibi Blocksberg" mit der Regisseurin Hermine Huntgeburth, die sich nicht darauf eingestellt hatte, dass ein Kater nicht mehrere Minuten lang in ein und derselben Pose verharren kann. Eine Katze ist eben kein Hund. Das wird aber nur dann zum Problem, wenn man eine Szene für längere Zeit aus der Totalen filmt, das heißt, dass wie beim Theater alles gleichzeitig zu sehen ist. Normalerweise wird beim Film mit kurzen Schnittfolgen gearbeitet, aus der Totalen geht die Kamera nahe an die gerade sprechende oder agierende Person heran und wieder zurück. Dies ist beim Drehen mit Tieren sehr wichtig, weil sie die Spannung meistens nicht allzu lange halten können.

Um meine Tiere am Set nicht zu überanstrengen, verlange ich meist, dass Großaufnahmen der Tiere oder besondere Mimiken in sogenannten Second-Unit-Drehs nach den eigentlichen Dreheinheiten mit den menschlichen Schauspielern gemacht werden. Dabei arbeitet man mit kleinen Teams und die Aufnahmen werden später an die entsprechenden Stellen im Film eingefügt. Ein solches Vorgehen strengt die Tiere nicht so an wie stundenlanges Agieren am Hauptset.

Je häufiger ein Hund gebucht wird und in verschiedenen Szenen mitspielt, desto professioneller wird er. Er lernt, mit verschiedenen Schauspielern umzugehen, und wird mit den unterschiedlichsten Situationen vertraut. Meine besten Filmhunde sind seit rund fünf Jahren im Geschäft, und da sie in diesem Stadium ausgezeichnet arbeiten, ist die Gage auch entsprechend hoch. Doch diese Ausgabe rechnet sich für die Produktionsfirma, denn auf einen Profihund kann sie sich in der Regel verlassen.

Werde ich für größere Produktionen angefragt, in denen einer meiner Hunde die Hauptrolle übernehmen soll, dann bestehe ich heute auch darauf, dass der Schauspieler, mit dem er arbeiten soll, passend zum Hund ausgesucht wird – und nicht umgekehrt. Wenn ein Schauspieler mit dem Tier umgehen kann, spart man sich in der Folge eine Menge Zeit und Ärger. Die meisten Regisseure sehen das auch ein.

Hatte ein Hund ein halbes Jahr oder länger kein Engagement, braucht er eine kleine Auffrischung, ehe er wieder fit fürs Filmen ist. In der Regel fange ich rund zehn Tage vor dem Auftritt mit dem Training an. Zwei, drei Tage braucht der Hund für die Auffrischung, dann erinnert er sich ganz schnell an das Gelernte. Hunde haben nämlich ein sehr gutes Gedächtnis. Da ich die Tiere immer bestätige, lobe und belohne, wenn sie etwas gut gemacht haben, und sie nicht schimpfe oder bestrafe, wenn sie es nicht hinkriegen, ist für meine vierbeinigen Freunde das Training stets mit positiven Erinnerungen verknüpft. Ich beschäftigte mich in dem Moment mit einem Tier allein, es wird also alles tun, um ein positives Feedback zu bekommen. Auf Basis dessen, was der Hund in den beiden Basistrainings erlernt hat, übe ich dann mit ihm die besonderen Aufgaben, die er für die aktuelle Rolle bewältigen muss.

Auch wenn man mit ausgebildeten Filmhunden arbeitet, ist es wichtig, den Tieren nie zu viel auf einmal abzuverlangen. Kleine Übungseinheiten, zwei Stunden am Tag, sind optimal. So bleibt das Ganze Spiel und der Hund freut sich darauf, am nächsten Tag da weiterzumachen, wo man aufgehört hat. Ich glaube, dass Lernen bei uns Menschen nicht viel anders funktioniert und so mancher Pädagoge bei uns auf dem Hof eine Menge lernen könnte.

Ein Filmhund muss ein richtiges Arbeitstier sein und Spaß an der Arbeit haben. Meine Aufgabe als Trainerin ist es, ihn immer wieder neu zu motivieren. Manchmal kommt es aber auch vor, dass bei Dreharbeiten der sprichwörtliche Wurm drin ist, vor allem wenn eine Szene sehr oft wiederholt werden muss. Wenn ich dann sehe, dass der Hund eine Pause braucht, muss ich das dem Regisseur erklären. Auch ein ausgezeichneter Filmhund ist keine Maschine. Ich kenne meine Tiere sehr gut und kann ihren Zustand ganz genau einschätzen. Lese ich an den Augen eines Hundes Müdigkeit ab, dann ist eine Unterbrechung angesagt.

Vorbereitung am Drehort

Damit die Arbeit gut vorangehen kann, reise ich, wann immer das möglich ist, im Vorfeld an die Drehorte und schaue mir die Motive genau an. Vor allem bei Außendreharbeiten ist das wichtig. Soll eine Szene mit Hunden beispielsweise in der Nähe eines Hundetrainingsplatzes gedreht werden, rate ich dazu, eine andere Location zu suchen. Auch die Situation im Studio will ich vorab kennen, damit ich die Tiere exakt darauf vorbereiten kann. Bei einer Katze, die auf einen Tisch springen soll, reicht zum Beispiel eine Blumenvase, die im Training nicht da war, um sie zu irritieren. Aus diesem Grund übe ich zu Hause unter genau denselben Bedingungen, die wir später auch am Set vorfinden.

Wenn es dann losgeht, achte ich darauf, dass alle Vorbereitungen für eine Szene, seien es die technische Einrichtung und das Licht, seien es Schauspielerproben, ohne das Tier stattfinden. Erst wenn alles zum Drehen bereit ist, bringe ich mein Tier ans Set und erkläre ihm, was wir vorhaben. Da zeige ich es ihm ein einziges Mal und dann muss sofort gedreht werden.

Denn ein Hund hat, wie jedes andere Tier, nur ein begrenztes Kurzzeitgedächtnis, daher erzielt man das schönste Ergebnis, wenn man ihn nicht warten lässt. Viele Tiertrainer machen den Fehler, dass das Tier von Anfang an alles mitmachen muss. Wenn dann endlich gedreht werden soll, tritt das ein, was ich als „Das Tier ist ausgeprobt" bezeichne. Das hilft weder dem Tier noch den Schauspielern oder dem Produzenten.

Schwierig wird es, wenn ein Regisseur ganz spontan am Set beschließt, dass nun doch alles anders gemacht werden soll als abgesprochen. Habe ich beispielsweise mit dem Hund geübt, dass er auf dem Sofa sitzt, soll er nun davor liegen. Dass die neue Aufgabe für das Tier eine komplette Umstellung ist, macht sich der Regisseur in diesem Moment nicht klar. Natürlich ist das möglich, aber dazu brauche ich Zeit, um dem Tier das Gewünschte zu erklären. Am besten ist es für alle Beteiligten, wenn man einfach bei dem bleibt, was vereinbart wurde.

Manchmal muss ich bei Änderungswünschen dem Tier zuliebe aber hart bleiben. Einmal wurde einer meiner Hunde für eine Serie gebucht. In der Szene sollte er eine Spritze bekommen. Es war vereinbart, dass dies mit einer sogenannten Filmspritze gemacht werden sollte. Das sind spezielle Modelle, bei denen die Nadel in der Spritze verschwindet, sobald sie auf den Arm des „Patienten" trifft. So sieht es aus, als würde die Nadel in die Haut eindringen, in Wirklichkeit aber schiebt sie sich ins Innere der Spritze. Als ich ans Set kam, lagen dort jedoch fünf normale Spritzen für eine echte Injektion bereit. Man hatte sogar extra einen Tierarzt engagiert, um das Ganze möglichst naturgetreu darzustellen. Mein Hund sollte eine Salzwasserlösung gespritzt bekommen, und weil man damit rechnete, dass diese Szene mehrmals wiederholt werden müsste, hatte man gleich fünf davon vorbereitet. Dagegen wehrte ich mich, schließlich war das anders vereinbart gewesen. Ich sah nicht ein, warum mein Hund unnötig Schmerzen leiden sollte, wenn der Dreh doch auch mit einer Filmspritze möglich war. Es gab damals großen Ärger, aber ich setzte mich durch.

In der Branche gibt es einige Leute, die mich wegen solcher Vorkommnisse für schwierig halten. Mir ist das gleichgültig, denn in meinen Augen verhalte ich mich schlicht korrekt. Es ist meine Pflicht, auf das Wohl meiner Tiere zu achten, das bin ich ihnen schuldig. Schließlich sind die Tiere auch mein Kapital, und ich will ihnen nicht unnötig schaden. Und sollte sich meine Einstellung dazu verändern, hänge ich meinen Beruf an den Nagel.

Ich kümmere mich nicht nur um meine Tiere, sondern es gehört auch zu meinen Aufgaben, die Schauspieler auf den Umgang mit ihnen vorzubereiten. Ist die Interaktion zwischen Tier und Schauspieler umfangreicher, dann kommt dieser einige Tage zu mir auf den Hof. Werden einzelne Szenen gedreht, lege ich Wert darauf, dass der Schauspieler zwei Tage vor Drehbeginn ans Set kommt, um das Wichtigste mit dem Tier und mir zu üben. Gute Schauspieler wissen, wie wichtig das für ihre Arbeit ist. Und ich komme mit den meisten prima aus, auch mit Schauspielern, die als schwierig bekannt sind.

Was ich an dieser Stelle ausdrücklich sagen möchte: Ich habe große Hochachtung vor der Arbeit der Schauspieler. Es gibt ja auch sehr heikle Szenen, in denen sie Unglaubliches leisten müssen. Alle Beteiligten sind dann gefordert, sich äußerst sensibel zu verhalten. Das gilt beispielsweise für Liebesszenen, wenn zwei Schauspieler nackt im Bett liegen und ein Tier im Raum ist. Oft bitten die Darsteller in einer solchen Situation darum, dass alle Personen das Set verlassen, die nicht unbedingt gebraucht werden – das kann ich sehr gut nachempfinden. Da heißt es, sich möglichst unsichtbar zu machen und dennoch seinen Job zu erledigen. Ähnlich ist es, wenn ein Akteur in seiner Rolle starke Emotionen zeigen, zum Beispiel weinen muss.

Mittlerweile bin ich mehr als 20 Jahre in meinem Beruf, da habe ich schon viele solche Situationen erlebt. Behutsamkeit ist hier gefragt und daher bemühe ich mich, den Schauspielern ihre Arbeit zu erleichtern.

Wieder auf dem Hof

Kommt ein Filmhund nach längeren Dreharbeiten nach Hause, spielt er zunächst oft die Diva. „Ich war in der großen Stadt und habe mit berühmten Schauspielern gearbeitet", scheint das Tier dann zu denken. „Mit euch niederem Volk gebe ich mich gar nicht ab." Aber das legt sich bald und er nimmt sein freies, unbeschwertes Hundeleben wieder auf. Der Hund wird in Ruhe gelassen, damit er sich von den ständigen Kommandos erholen kann. Er darf nach Lust und Laune mit seinen Kumpels im Dreck buddeln und sich richtig austoben. Gerade weil ich während der Arbeit hundertprozentige Disziplin von meinen Tieren verlange, gönne ich ihnen ihre Freizeit danach von Herzen.

Mutterschutz

Mir liegt das Wohlbefinden meiner Tiere sehr am Herzen und ich lasse ihnen Zeit für alle Lebensphasen, die sie brauchen, selbst wenn ich deshalb einen Auftrag nicht annehmen kann. Das gilt auch, wenn eine Hündin schwanger wird. Sie braucht dann nicht zu arbeiten, denn ich finde, sie kann nicht gleichzeitig Schauspielerin sein und Mama werden. Während der ersten beiden Schwangerschaftswochen könnte man sie vielleicht noch einsetzen, aber dann will sie sich auf die Mutterschaft vorbereiten und ihre Ruhe haben. Nach der Geburt widmet sie sich vier bis fünf Monate lang ausschließlich den Kleinen, sofern ich diese bei mir auf dem Hof behalte. Durch die hormonelle Umstellung während der Schwangerschaft und danach verliert die Hündin viel Fell und ihre Zitzen prägen sich stärker aus. Bis diese sich wieder zurückbilden, dauert es bis zu einem halben Jahr. Filmhündinnen sind eigentlich wie kleine Models, vor allem die, die Werbung machen. Wenn beispielsweise Hundefutter angepriesen wird, wollen die Auftraggeber keine „Hängebusen" sehen.

Filmtiere als Rentner

Filmhunde „arbeiten" in der Regel zehn Jahre, manche kürzer, manche länger. Ich achte immer darauf, ob das Drehen dem Tier noch Freude macht oder ob es ihm zu anstrengend wird. Auch das kann ich an den Augen eines Hundes ablesen. Sobald sie ihren Glanz verlieren, müde oder angestrengt schauen, muss ein Tier nicht mehr arbeiten. Wenn er zu alt wird fürs Filmgeschäft, dann geht er eben in Rente. Es gibt einen Tiertrainer in den USA, der sagt eiskalt: „In dem Moment, wo mir ein Tier nichts mehr einbringt, lasse ich es einschläfern." Sollte ich eines Tages so denken, dann will ich lieber nicht mehr mit Tieren arbeiten.

Bei mir ist das so geregelt, dass die Tiere im Alter in Ruhe und Frieden auf dem Hof leben dürfen, bis sie eines natürlichen Todes sterben oder ihr Leiden durch eine Krankheit so groß wird, dass ich es ihnen nicht mehr zumuten möchte. Diese schmerzvolle Entscheidung kennen viele, die einmal ein Tier hatten. Man liebt es ja und möchte ihm unnötiges Leiden ersparen, aber mir fällt die Entscheidung, diesen letzten Schritt zu tun, jedes Mal unglaublich schwer. Ich bin überzeugt davon, dass Tiere eine Seele haben, und kann direkt spüren, wenn eines stirbt. Ich behalte die verstorbenen Tiere eine Nacht im Haus, sodass sich all die anderen Mitbewohner verabschieden können. Erst dann wird der Leichnam beerdigt, und zwar auf dem Tierfriedhof auf unserem Gelände. Hier liegt auch meine Bonny. Ich bin sehr froh darüber, dass sie, mit der alles begann, vor ihrem Tod im stattlichen Alter von 18 Jahren auf unserem

Hof gelebt hat. Sie starb rund fünf Monate nach unserem Umzug und ist die Erste, die hier begraben wurde. Ganz schwer ist es für mich, ein Tier, das gerade gestorben ist, plötzlich im Fernsehen zu sehen, in einem Film oder einem Werbespot. Wenn das passiert, muss ich sofort umschalten.

Bevor es aber so weit ist, sollen es meine Tiere gut bei mir haben. Schließlich verdiene ich ja auch Geld mit ihnen, solange sie fit sind. Wenn man so will, finanzieren bei mir auf dem Hof immer die Jungen die Alten – so wie es in der menschlichen Gesellschaft auch sinnvoll ist. Auch die „Rentner" werden gehegt und gepflegt. Ich weiß, was ich meinen Tieren schuldig bin. Dazu gehört auch, dass sie einen ruhigen, schönen Lebensabend verbringen dürfen. Eine Ausnahme mache ich allerdings dann, wenn für eine Filmproduktion ausdrücklich ein altes Tier gebraucht wird und keine anstrengenden Aktionen verlangt werden. Viele meiner „Rentner" sind richtig glücklich, wenn sie noch einmal einen Ausflug in die Filmwelt machen dürfen.

Derzeit lebt Zwergpudel Billy bei uns auf dem Hof, ein richtig uralter Opa. Er war ein wunderbarer Filmhund, hat mit Hannelore Elsner und Ulrike Folkerts gedreht und viele schöne Rollen gespielt. Sein Schicksal wollte es, dass er fast nur Mädchen darstellen musste, mit Schleifchen im Haar und oft im Rotlichtmilieu. Dabei verhält er sich sogar heute noch wie ein echter Rüde, der es mit jedem anderen aufnehmen möchte, obwohl er kaum noch gehen kann und blind und taub ist. Er wohnt bei uns in einem kuscheligen Körbchen unter dem Küchentisch, wo wir immer ein Auge auf ihn haben. Täglich braucht er eine Herztablette, und da er schon ziemlich senil ist, muss ich ihm zehn bis 15 Mal am Tag sein Fressen anbieten, bevor er sich entscheidet, es anzunehmen. Und weil er blind ist, darf nichts im Haus verändert werden, er würde sich sonst den Kopf stoßen. Als wir einmal den Wassernapf auf der Veranda wegen Malerarbeiten um einen Meter nach rechts verrückt haben, da schlabberte er mit der Zunge im Trockenen – dort, wo der Napf vorher stand. Billy ist inkontinent und jeden Morgen wische ich die Küche. Das alles nehme ich gern auf mich, denn ich habe ihn lieb. Und ich behandle ihn und alle anderen Rentner mit derselben Wertschätzung wie die jüngeren, erfolgreichen Filmstars.

Sie werden es vielleicht kaum glauben, aber auch bei mir gibt es Rentner, die regelrecht unter ihrem Ruhestand leiden. Es ist schließlich nicht einfach, jahrelang im Rampenlicht zu stehen und dann zu Hause rumzuhocken. Daher nehme ich meine in die Jahre gekommenen Diven, wann immer möglich, mit zum Set, damit sie ein wenig Filmluft schnuppern können. Bonny war ein Beispiel dafür, wie sehr es einem Tier auf die Psyche schlagen kann, wenn es in die letzte Lebensphase überwechselt. Da geht es den Tieren wie uns Menschen. Viele erfolgreiche Manager können es ja auch kaum verkraften, nicht mehr zu arbeiten, und fühlen sich deshalb nutzlos. Bonny hat so sehr darunter gelitten, dass ich, als ich sie einmal zu Dreharbeiten mitnahm, etwas für sie arrangierte. In einer Pause bat ich den Kameramann, so zu tun, als würde er Bonny filmen. Netterweise spielte er mit und so improvisierte ich mit ihr eine kleine Szene. Der Tonmann hielt sogar die Angel mit dem Mikrofon hin, damit es auch wirklich echt aussah. Es tat mir in der Seele weh zu sehen, wie Bonny aufblühte, sich in Positur stellte, sich noch einmal ganz von ihrer Profiseite zeigte. Ihre Augen strahlten und sie tat genau das, was ich ihr sagte. Sie war überglücklich. Dieses Erlebnis hat ihr richtig gut getan. Und da sie so intelligent war, hätte das Ganze nicht funktioniert, wenn sich mein Freund hinter die Kamera gestellt hätte. Sie hätte sofort durchschaut, dass wir sie auf den Arm nehmen.

Kapitel 7

Chaos vor der Kamera – mit Hunden am Set

Wenn meine Tiere erzählen könnten – nach Jahren wären sie nicht fertig damit, ihre Erinnerungen zu schildern. Auf der Leinwand sieht der Zuschauer immer das perfekte Ergebnis; wie viel Arbeit dahintersteckt, bleibt verborgen. Genauso wie bei einem Film ohne Tiere das „Making of" manchmal sehr spannend und lustig ist, gibt es auch rund um die Tierdarsteller eine Menge interessanter Begebenheiten. Mit einem Hund fing alles an, und auch heute noch sind es Hunde, die einen Großteil meiner Arbeit ausmachen. Über die rund 30 Exemplare auf meinem Hof gibt es natürlich jede Menge Geschichten.

Steile Karriere eines Straßenköters

Da ist zum Beispiel der Schnauzermischling Cash. Ich hatte den Hund gerade vor einem halben Jahr aus dem Tierheim geholt – und schon bekam er seine erste große Rolle. Die Anfrage war klar: Der Regisseur Adnan Köse suchte für seinen Film „Lauf um dein Leben! – Vom Junkie zum Ironman", der 2008 in die Kinos kommen wird, einen Straßenköter als Partner für Uwe Ochsenknecht. Sympathisch sollte er sein, scheu, aber dennoch pfiffig und frech. Und ein bisschen verwahrlost. Cash erfüllte diese Vorgaben perfekt und so war es kein Wunder, dass Adnan sich gerade ihn aussuchte. Ich allerdings hatte ein wenig Bauchgrimmen – schließlich war Cash kein ausgebildeter Filmhund, sondern gerade erst Azubi. Zudem war er noch sehr scheu und zurückhaltend im Umgang mit ihm unbekannten Menschen.

Ich hatte keine Ahnung, wie er auf die Anforderungen am Set reagieren würde, und das sagte ich auch deutlich.

Trotzdem, oder gerade deswegen wollte Adnan Köse genau ihn für die Verfilmung der Lebensgeschichte des Weltklasse-Triathleten Andreas Niedrig. Der Film erzählt die bewegende Geschichte, wie Niedrig, gespielt von Max Riemelt, als Junkie und Kleinkrimineller dem Drogenmilieu entkommt und zum Spitzensportler wird. Uwe Ochsenknecht übernahm die Rolle des Triathlontrainers, der fest an seinen Schützling glaubt. Ebenso glaubte Adnan Köse an Cash, obwohl ich ihm fünf erfahrenere Filmhunde anbot und ihm Cash sogar ausreden wollte. Doch eigentlich verwundert das nicht, denn Cash hat einfach das Gesicht eines Straßenköters und das passende Wesen. Darum nahm der Regisseur Cash' Unerfahrenheit in Kauf.

Ich hatte nur knappe sechs Wochen Zeit, Cash in einem Crashkurs auf die erste Rolle seines Lebens vorzubereiten. Auch das „Belltraining" hatte entfallen müssen. Das führte dazu, dass Cash am Set nicht so weit war, auf Kommando zu bellen. Da hatte ich jedoch eine Eingebung und streifte der Regieassistentin eine Nikolausmaske über. Sobald Cash sie mit der Maske sah, fing er an, wie verrückt zu bellen, und wir konnten alle Szenen wie gewünscht drehen. Abgesehen davon war Cash ein außerordentlich begabter Darsteller. Vier Tage vor Drehbeginn reisten wir an, damit Cash genügend Zeit hatte, sich einzugewöhnen. Außerdem hätte ich gern ein Schauspielertraining gemacht, aber das war leider nicht möglich, weil Uwe Ochsenknecht erst einen Tag vor Drehbeginn kommen konnte. Also mussten wir alle ins kalte Wasser springen. Zu meiner großen Erleichterung klappte alles hervorragend: Uwe Ochsenknecht ist nicht nur ein echter Profi – wenn auch nicht immer ganz einfach, weil er von der Produktionsfirma fordert, was er braucht –, sondern er ist auch extrem tierlieb und das war wunderbar für die Arbeit mit Cash.

Es gibt Schauspieler, die tun so, als hätten sie Tiere gern, doch man findet ziemlich schnell heraus, dass das nur gespielt ist. Uwe aber liebt sie wirklich, er hat selbst einen Hund und besitzt die Fähigkeit, sich in Tiere hineinzuversetzen. Das hat mir und Cash das Leben sehr erleichtert. Schließlich ist Cash ein sehr junger Hund, er hatte keinerlei Filmerfahrung und bekam auf Anhieb eine große Kinorolle, sogar eine Hauptrolle mit einem Star wie Uwe Ochsenknecht! Ich habe Uwe die Situation erklärt, Cash ist eben kein Hund, der auf Leute zugeht und mit dem Schwanz wedelt. Im Gegenteil, er ist zurückhaltend und schaut sich alles erst einmal von außen an. Das hat Uwe sofort verstanden. Er ist immer wieder auf Cash zugegangen, hat sich in die Hocke begeben, um auf gleicher Höhe mit ihm zu sein, und sprach mit ihm, ohne ihn zu bedrängen. Das tat er so lange, bis Cash neugierig wurde und von selbst zu ihm kam. Die beiden wurden dicke Freunde in den acht Drehtagen.

Ich rechne es Uwe Ochsenknecht hoch an, dass er sich um Cash gekümmert hat, auch wenn er das gar nicht musste. Wie oft hat er ihn in den Drehpausen geknuddelt, mit ihm geredet und ihm ein Leckerli gegeben. Das verbindet und erleichtert auch die Zusammenarbeit. Für mich ist das neben der schauspielerischen Leistung ein deutliches Zeichen für Professionalität. Manch ein Kollege hätte vielleicht gesagt: „Warum bucht der Regisseur auch einen so unerfahrenen Hund, jetzt muss ich mich damit zusätzlich befassen!" Nicht so Uwe Ochsenknecht, der das Seine zum Erfolg beitrug. Vielleicht hat auch ein bisschen geholfen, dass wir beide die einzigen Pfälzer am Set waren und miteinander viel Spaß beim Pfälzischreden hatten.

Über Cash erschien 2007 sogar ein Artikel in der New Yorker Zeitschrift *Das Fenster*. Sie richtet sich an Deutsche, die in den USA leben. Eine Redakteurin rief bei mir an und sagte, sie würde gern über meine Filmtierschule schreiben und dabei den Akzent auf Cash legen.

Obwohl er schon so bekannt ist, hat Cash noch viel zu lernen. Die Szenen, die er für den Film beherrschen musste, hat er wunderbar gemeistert. Es war vor allem seine scheue Art, die ihn für die Rolle so geeignet machte. Ich bin sehr gespannt, wie seine Karriere weitergeht.

Cayenne als Drogenhund Johannes

Wenn ich mit meiner Bassethündin am Set von „Alarm für Cobra 11" erscheine, bricht großer Jubel aus. „Tschaiäääääään", schreit Erdoğan Atalay, der seit mehr als zehn Jahren den Hauptkommissar Semir Gerkhan in dieser Serie spielt. Dann geht er in die Knie und Cayenne rast auf ihn zu, springt an ihm hoch und schleckt ihn von oben bis unten ab. Die Kollegen von der Maske verziehen die Gesichter, denn nun muss Erdoğan noch einmal geschminkt werden. Aber dieses Begrüßungsritual muss einfach sein.

Bei der Autobahnpolizei hat Cayenne seit fünf Jahren eine Stammrolle: Da heißt sie Johannes und spielt einen klaustrophobisch gewordenen, auf Kokain allergisch reagierenden Ex-Drogenhund, der vom Kommissar ausgeliehen wird, wenn es um Drogenfahndung geht. Da sie einen Rüden spielt, muss man bei den Dreharbeiten immer ein bisschen aufpassen, wie sie ins Bild gesetzt wird, damit man in der Seitenansicht den Hundepenis nicht vermisst. Im vergangenen Sommer ist Cayenne Mama geworden und hat das süßeste Bassetbaby zur Welt gebracht, das man sich vorstellen kann.

Blindes Vertrauen

Obwohl ich als Tierfilmtrainerin meinen Hunden allerhand beibringe, war ich doch zunächst ratlos, als man bei mir einen Hund buchte, der in einem Film einen Blindenhund spielen sollte. Eine solche Ausbildung unterscheidet sich grundlegend von dem, was ich meinen Hunden beibringe. Aber was man noch nicht weiß, lässt sich lernen – mit dieser Devise habe ich mein Geschäft aufgebaut. Nur wer neue Herausforderungen annimmt, kann am Markt bestehen. Außerdem bin ich ein neugieriger Mensch und es begann mich zu interessieren, was denn einen guten Blindenhund ausmacht.

Also rief ich bei einigen Blindenhundausbildern in meiner Umgebung an und schilderte ihnen den Fall. Ob ich mal vorbeikommen und mir ihre Arbeit anschauen könnte, fragte ich. Dass diese Frage wohl ziemlich naiv war, merkte ich rasch, denn ich biss auf Granit. Und bekam Antworten zu hören wie: „Da könnte ja jeder kommen." „Woher soll ich wissen, dass Sie demnächst nicht auch Blindenhunde ausbilden wollen?" „Da wäre ich ja schön dumm, Ihnen meine Geheimnisse zu verraten."

Ich finde es bedauerlich, wenn Menschen immer und überall Konkurrenz wittern. Ich habe natürlich nicht vor, mich vom Filmtiertrainer zum Blindenhundausbilder zu verändern. Ich finde es einfach viel vernünftiger, Wissen zu teilen, statt sich gegeneinander abzuschotten. Hier besteht ein großer Unterschied zwischen deutschen und US-amerikanischen Tiertrainern. Letztere sind in vielen Dingen sehr viel weiter und ich genieße es jedes Mal, wenn ich mit Kollegen aus den USA zusammentreffe und wir uns abends in gemütlicher Runde bei einem Bier austauschen.

Bei den Blindenhundtrainern rund um Karlsruhe hatte ich keine Chance. Dabei wollte ich doch nur herausfinden, wie sich ein Blindenhund in bestimmten Situationen verhält. Aber selbst diese Fragen wurden bereits als unverschämt betrachtet. Schließlich fand ich doch eine Frau, die Blindenhunde ausbildet. Sie war freundlich und dazu bereit, mit mir über ihre Arbeit zu sprechen. Bezeichnenderweise war sie ursprünglich

Engländerin, wohnte aber schon viele Jahre in Deutschland. Offenbar hat man in den angelsächsischen Ländern ein anderes Verständnis von Kollegialität.

Der Film, für den ich das Wissen über Blindenhunde brauchte, war „Blindes Vertrauen", in dem Heikko Deutschmann unter der Regie von Mark Schlichter einen erfolgreichen Mann spielt, der nach einem Unfall erblindet. Weil er es gewohnt ist, alles für Geld zu bekommen, „kauft" er sich einen Blindenhund, der eigentlich für eine Frau trainiert wurde, die schon länger auf einen solchen Hund wartet. Daraus ergeben sich verschiedene Verwicklungen und natürlich eine Liebesgeschichte.

Um sich auf die Rolle und das Zusammenspiel mit den Hunden – ich trainierte für die Rolle zwei Golden Retriever, Nelly und Tiger, damit sie sich doubeln konnten – vorzubereiten, kam Heikko Deutschmann vorher zu uns. Im nahegelegenen Städtchen Kandel übten wir, mit den von mir trainierten Film-Blindenhunden zu gehen, um sie an ihre Aufgabe zu gewöhnen. Damit ein Blindenhund lernt, was er zu tun hat, muss man – wie ein Blinder – zunächst in Hindernisse hineinlaufen. Der Hund erschrickt und merkt: Aha, der Mensch kann ja gar nicht sehen und führt den Blinden um das Hindernis herum. Das haben wir mit Heikko geübt, der dabei ein paar Mal gegen einen Blumenkübel laufen musste. Besorgte Passanten blieben stehen und fragten, ob sie behilflich sein könnten. Heikko verhielt sich offensichtlich so, dass die Leute dachten, er sei wirklich blind. Und auch meine Hunde gingen nach diesen Übungen wunderbar als Blindenhunde durch.

Sechs Wochen dauerte dieses Training. Ich nahm die Hunde, die ich für ihre Rolle als Blindenführer ausbildete, auch mit zu anderen Dreharbeiten, selbst in meiner Freizeit übte ich immer wieder mit ihnen, damit zu Beginn des Filmstarts für „Blindes Vertrauen" alles saß. Ich persönlich möchte jedoch keine Blindenführhunde ausbilden. Ich bin der Meinung, dass

Hunde mit einer solchen Aufgabe oft nicht das Leben haben können, das ihnen entspricht, und ihre Bedürfnisse meist zu wenig wahrgenommen werden.

Newton, der Bobtailmischling

Einer meiner besten Filmhunde ist Newton, ein von mir gezüchteter „Berner Boo", eine Berner-Sennenhund-Bobtail-Mischling.

Newton verliebt

Vor Kurzem erst hatte er einen wundervollen Auftrag, er spielte in dem Werbefilm für die Automarke Kia die Hauptrolle. Niemand Geringerer als der Filmregisseur Detlev Buck drehte ihn, doch als seine Produzentin zu uns auf den Hof kam, um Newton kennenzulernen, zeigte ich mich alles andere als begeistert. Mit Detlef Buck war ich nämlich einmal aneinandergeraten. Vor vielen Jahren hatte er den Film „Liebesluder" gedreht, in dem mein Maine-Coon-Kater Einstein einen eigentlich einfachen kleinen Auftritt hatte: Einstein linst um einen Stapel Holz herum und kommt dann hervor. Das war alles, kein großes Ding. Wir drehten die Szene einige Male, Einstein machte seine Sache tadellos. Auf einmal rief Detlev Buck: „Genau dieser Blick! Den will ich haben. So soll die Katze wieder schauen!" Ich wusste nicht, was er meinte, bis mir die Aufnahme gezeigt wurde. Aber wie sollte ich die Katze dazu kriegen, noch einmal exakt so zu schauen? „Das ist mir egal, wie du das machst", rief Buck. „Nimm dir ein bisschen Zeit. Und versuche bitte alles, damit die Katze wieder so schaut." Am Ende musste er einsehen, dass er Unmögliches verlangte. Die Mimik meiner Katzen kann ich zwar bis zu einem gewissen Grad beeinflussen, aber nicht in dem Maß, wie er es sich vorstellte.

Dieses Erlebnis erzählte ich meinem Gast aus Berlin freimütig und fügte hinzu, dass ich nicht unbedingt begeistert sei, wieder mit Detlev Buck zu drehen. Sie aber lächelte. „Detlev ist doch sonst gar nicht so", sagte sie. „Ich bin mir sicher, wenn ich ihm das erzähle, wird er sich im Nachhinein schämen." Erst später erfuhr ich, dass ich mein Leid ausgerechnet Detlev Bucks Freundin geklagt hatte. Und siehe da, bei den folgenden intensiven Dreharbeiten herrschte das beste Verhältnis. Doch bis es dazu kam, mussten wir ein paar Hindernisse überwinden.

Zum einen hatte sich Newton verliebt und seine Lieblingshündin Cayenne war zwei Tage, bevor die Produzentin zu uns kam, läufig geworden. So professionell Newton auch sonst immer ist – wenn er verliebt ist, setzt bei ihm das Hirn aus. Alles Gelernte ist vergessen, bis die Hormone nicht mehr verrücktspielen. Dennoch wollte Buck ihn und keinen anderen Hund für diesen Werbespot. Damit sich Newton beim Drehen in Berlin konzentrieren konnte, kämmten die Filmleute im Umkreis von 500 Metern jedes Haus in der Siedlung durch, in der die Aufnahmen gemacht wurden, und fragten, ob möglicherweise eine läufige Hündin dort wohnte. Diese Hundedamen wurden auf Kosten der Filmproduktion für die Dauer der Dreharbeiten ausquartiert – und das alles, damit Newton nicht durch das schöne Geschlecht von der Arbeit abgelenkt wurde.

Hinzu kam, dass es an den Drehtagen sehr heiß war, sodass ich um eine Klimaanlage im Haus bat, damit Newton in seinem wuscheligen Fell nicht zu sehr ins Schwitzen kam. So wurde das Haus mit Klimaanlagen ausgestattet. Als der Techniker merkte, dass er sie für einen „Köter" einbaute, schüttelte er nur den Kopf. Aber so ist das eben. Wer einen Hund als Hauptdarsteller will, muss ihn entsprechend behandeln.

Um Newton auf diesen Werbespot vorzubereiten, musste ich ihm Dinge beibringen, die ein anständiger Hund auf gar keinen Fall machen darf. Es war so: Die Familie fährt im Auto davon und lässt ihn allein im Haus. Das ärgert ihn so sehr, dass er die ganze Wohnung zerlegt. Also musste Newton unter an-

derem lernen, den Kühlschrank zu öffnen und alles, was sich
darin befand, herauszuschmeißen. Als ich ihm das beibringen
wollte, schaute er mich ganz ungläubig an. Soll ich das wirklich?, dachte er wohl. Meint sie das ernst? Bei solchen Zweifeln
muss man dem Hund bestätigen, dass er genau das tun soll,
was ihm gezeigt wird.

Das Öffnen des Kühlschranks brachte ich ihm bei, indem
ich zunächst ein Küchentuch durch den Griff zog und ihn daran zerren ließ. Später lernte er dann, die Tür ohne Hilfsmittel
aufzumachen – was noch ein Nachspiel haben sollte, doch
davon später. Sobald der Kühlschrank offen war, ging es zur
Sache: Ich hatte Plastikeier gekauft, und forderte ihn dazu auf,
sie herauszuschmeißen. Wieder sein fassungsloser Blick. Zuerst tat er das Gewollte ganz vorsichtig, immer wieder sah er
sich nach mir um, ob er sich auch nicht verhört hatte. Aber
dann gab es kein Halten mehr. Salat, Eier, Käse, Wurst, Papri-
ka – alles flog durch die Luft.

Als wir dann wegen der Dreharbeiten in Berlin waren, erlebte ich beim Frühstück eine große Überraschung! Wie immer
hatte ich Newton zuerst im Hotelzimmer sein Futter gegeben
und ihn dann eingeschlossen, um selbst etwas zu essen. Ich
ging gerade am Frühstücksbuffet entlang – und glaubte, meinen Augen nicht zu trauen. Ganz fröhlich kam mir Newton ent-
gegen! Ich brachte ihn zurück ins Zimmer im dritten Stock,
doch schon nach fünf Minuten erschien er wieder schwanzwe-
delnd im Frühstücksraum und strahlte mich an. Newton hatte
nämlich inzwischen gelernt, auch andere Türen zu öffnen, und
er beließ es nicht mehr nur bei der Kühlschranktür. Doch Spaß
beiseite, ich hatte jetzt ein echtes Problem, denn heutzutage
kann man Hotelzimmertüren gar nicht mehr so verschließen,
dass sie von innen nicht zu öffnen sind. Auch so etwas kann der
Preis für eine antrainierte Filmszene sein. Denn das einmal Gelernte vergisst Newton nie.

Ein kraftvoller Lauf

Im zweiten Teil der Sams-Verfilmung wirkte Newton ebenfalls mit. Dabei hatte er eine lustige Szene mit dem Schauspieler Dominique Horwitz. Der führt ihn an der Leine spazieren, als auf einmal Kinder um die Ecke kommen und pfeifen. Mit einem Ruck rennt Newton los und zerrt den Schauspieler hinter sich her. Horwitz stellte sich dazu auf ein Skatebord, das über das uralte Straßenpflaster in Bamberg ruckelte. Newton hatte aber so viel Kraft, dass beim schnellsten Tempo ein Stuntman auf dem Skateboard stehen musste. Der sagte hinterher, dass er Muskeln spürte, von denen er nicht mal wusste, dass er sie hatte. Es wurden verschiedene Varianten gedreht, einige mit Dominique Horwitz, andere mit dem Stuntman und einige mit einer Puppe. Einmal raste Newton im Schweinsgalopp ins „Ziel", das heißt auf die Kamera zu, obwohl die Puppe unterwegs schon in ihre Bestandteile zerfallen war.

Der falsche Baum

Leider hab ich mit Newton auch einmal ein Debakel erlebt, wofür er allerdings nichts konnte. In „Heirate meine Frau", einem Fernsehfilm, in dem auch Heikko Deutschmann mitspielte, sollte Newton an eine Palme pinkeln, die in einem Haus steht. „Gut", sagte ich, „schickt mir die Palme auf den Hof, dann pinkeln alle meine Hunde hin. Wenn Newton sie dann am Set vorfindet, setzt er seine Marke garantiert auch drauf." Gesagt, getan. Die Palme stand bei uns und wurde eifrig angepinkelt. Doch am Set stand die Pflanze auf Holzplanken, die über einen Swimmingpool führten. Newton kam das nicht geheuer vor und er weigerte sich, das Ding anzupinkeln. Ich konnte machen, was ich wollte, er war komplett irritiert.

In diesem Fall lag der Fehler bei mir. Ich hätte vorher an den Drehort fahren und mir die Sache anschauen sollen. Oft möchte die Produktion diese Kosten aber einsparen, denn natürlich muss sie mir den Aufwand bezahlen. Nach dieser Geschichte mit Newton und der Schwimmbadpalme wird mir das aber nicht wieder passieren.

Dackel Alfs Hass auf die Filmklappe

Ich hatte früher einen frechen, klugen Rauhaardackel namens Alf, der war etwas ganz Besonderes. In der Serie „Motorrad-Cops" musste er einmal eine sehr gefährliche Szene spielen: Ein Motorrad fährt mit hoher Geschwindigkeit eine Landstraße entlang. Plötzlich rennt ein Dackel über die Straße, der Motorradfahrer macht eine Vollbremsung und überschlägt sich dabei. Einen Hund über die Straße zu schicken ist im Grunde kein Problem. Aber so knapp vor einem Motorrad mit Höchstgeschwindigkeit – da kann eine Menge schiefgehen. Für diese Aufgabe ist das richtige Timing von zentraler Bedeutung und sie erfordert viel Vertrauensarbeit mit dem Tier. Ich sagte zu den Stuntleuten: „Wenn meinem Dackel etwas passiert, seid ihr tot." Ich glaube, sie merkten, wie ernst es mir war. Aber ich hätte diesen Auftrag gar nicht ausgeführt, wenn ich mir nicht sicher gewesen wäre, dass die das können. Später bei den Dreharbeiten zu „Alarm für Cobra 11" hatte ich noch oft genug Gelegenheit festzustellen, dass dieses Team wirklich professionell arbeitet.

Alf drehte viele Filme. Aber eines Tages, von heute auf morgen, entwickelte er einen regelrechten Hass auf die Klappe und das Geräusch, wenn sie vor jeder Szene „Klack" machte. Die Klappe ist notwendig, denn auf ihr steht, welche Szene und die wievielte Wiederholung gerade gedreht wird. So kann der Cutter die Bilder beim Schneiden in die richtige Reihenfolge bringen. Alfs Aversion gegen die Filmklappe wurde so schlimm, dass die Regieassistentin mit einer Miniklappe, die sie in ihrem Anorak verstecken konnte, arbeiten musste, damit der Hund

▲ *Zusammenarbeit mit zwei Größen des deutschen Films: Für die TV-Serie „Mit Leib und Seele" mit Günter Strack (o.) trainierte ich die Schäferhunde Benji und Berra. An der Seite von Günther Pfitzmann (u.) kam Bonny zum Einsatz.*

▲ Meine Lieblingshündin Bonny wurde durch Werbung für die Bildzeitung berühmt: Jeden Morgen brachte sie mir die Zeitung.

▲ Dog Shadow – Bernhardiner/Irish Wolfshound-Mix und 85 kg schwer – war einer meiner Lieblingshunde. Hier posiert er für „Ein Bernhardiner namens Möpschen".

▲ Meine ersten 4 Bonnies (v. l.) La Toya, Kimba, Balou und Bonny auf Rügen für den Kinofilm „Dizzy, lieber Dizzy". Die Hunde haben sich gegenseitig gedoubelt.

▲ Selbst das neue Haus in Neupotz war für die über 50 tierischen Familienmitglieder schnell wieder zu klein.

▲ Der Sprung nach Amerika! Neben Michael Douglas am Set von „Shining
Trough" mit den Hunden Benji, Bonny, Balou (v.l.) und Hahn Cleopatra.

▲ *Mein Rentier Nanook trainierte ich mit Spaß und vielen Belohnungen – das Ergebnis war ein entspannter Auftritt bei Günther Jauch in Stern TV (RTL).*

▲ Auf den Brettern, die die Welt bedeuten: Opernsänger Tom Fox mit Katze Bubblegum und Reh Prinzessin Shirin im Festspielhaus Baden-Baden.

▲ Beim Füttern von Baby-Reh Prinzessin Shirin – Bonnyhund Pepper (hier 12 Wochen alt) bestand prompt auch auf einem Fläschchen!

▲ *Im Schweinsgalopp: Wildschwein Chestnut sollte in „Großstadtrevier: Wachgeküsst" einen Lieferwagen verfolgen und meisterte seine Aufgabe bravourös.*

Niederrathen

Kreis Sächsische Schweiz

▲ *Die Taube Sammy hatte in Niederrathen bei der Produktion „Wink des Himmels" eine Hauptrolle – und zehn Doubles.*

▲ Bei den Aufnahmen zu „Sams in Gefahr" waren in Prag 60 Rosettenmeerschweinchen dabei – eine wahrhaft bunte Truppe!

▲ Die vierbeinigen Stars von „Sams in Gefahr": Windhund Sky und Berner-Mix Newton (hier mit ChrisTine Urspruch als Sams und Constantin Gastmann).

▲ *Ton in Ton mit Ara Paula – auch ein ordentlicher Biss von ihr konnte Thomas Gottschalks gute Laune nicht trüben.*

▶ Green-Screen-Aufnahmen mit Schwein Mushroom für „Herr Bello": Mushroom wird später aus dem grünen Hintergrund herausgeschnitten und digital in die Filmszenen eingebaut.

▲ Mein Star! Dieter Bohlen und Schwein Penelope nach dem Auftritt in „TV Total" (Pro7) – sie durfte sogar seine Spezial-Häppchen fressen.

◄ Bei den Dreharbeiten zu „Ratten" (Teil 2) in Litauen waren tatsächlich 1.000 zahme Ratten dabei!

▼ Ralph Herforth überwand durch die Szenen mit den Ratten seine natürliche Scheu vor den Nagern.

▶ „Alarm für Cobra 11"(RTL): Erdogan Atalay mit Bassethound Cayenne beim Dreh in Köln.

▼ Cayenne auf Verfolgungsjagd – der Trick mit der Wurst am Seil bleibt im Film unsichtbar.

◀ *Täglich trainierten wir, ausgestattet mit Zipfelmützen, Küken Shiro und seine Doubles für „Sieben Zwerge" (Teil 2).*

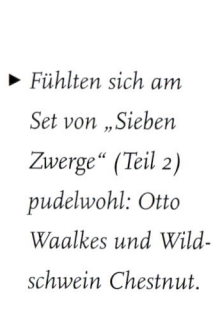

▶ *Fühlten sich am Set von „Sieben Zwerge" (Teil 2) pudelwohl: Otto Waalkes und Wildschwein Chestnut.*

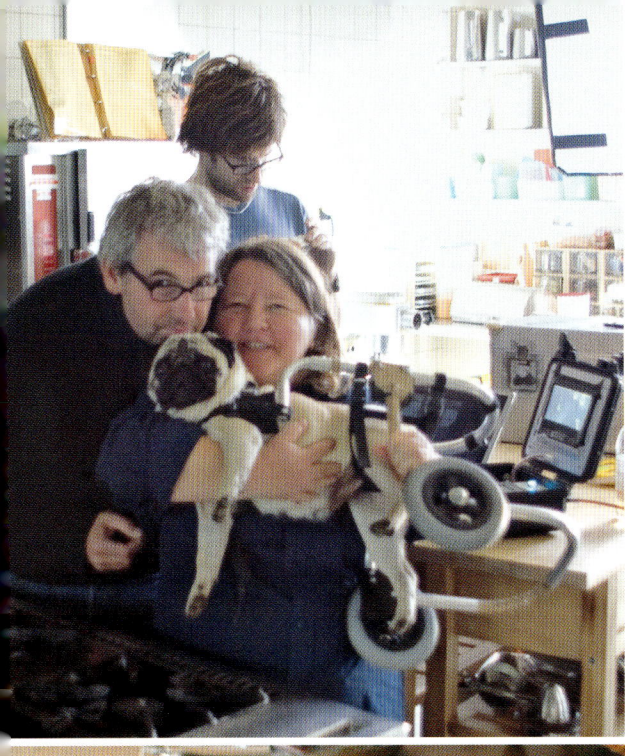

◀ Bollywood pur:
In der Komödie
„Tandoori Love"
(Producer: Stephan
Barth, l.) überzeugt
Mops Mortadella
als gelähmter
Liebling auf einem
Rollwägelchen.

▲ Der lesende Mops – bei den Dreharbeiten für „Mopsfidel" (ZDF).

► *Ganz schön schwer, eine solche Kuh zu führen! Die Highländer Kuh Mogli spielte im Kinofilm „Herr Bello" mit.*

◄ *Mišel Maticevic mit Spatz Zwitscher beim Dreh zu „Das Gelübde" in Billerbeck/Münsterland.*

► *Florian Silbereisen und Gänseküken Sheila II. beim „Frühlingsfest der Volksmusik".*

▲ *Im Film eine unheimliche Szene – in Wirklichkeit entspannte Zusammenarbeit: Kolkrabe Krypton sollte in einer Tatortfolge Klaus J. Behrendt „attackieren".*

▲ *Markenzeichen von Regisseur Oskar Roehler: Pink. Pudeldame Lili wurde dank Lebensmittelfarbe sein heißgeliebter Star.*

sie nicht sah. Geriet die Klappe dennoch in sein Blickfeld, wurde er auf der Stelle fuchsteufelswild und versuchte, sie sich zu schnappen und sich in ihr zu verbeißen.

Von da an setzte ich die Klappe ein, wenn ich ihn in Rage bringen musste. Sollte er einen Schauspieler an der Hose zerren, dann musste der nur mit einer Klappe „Klack" machen und schon hing ihm Alf am Hosenbein. Einmal brauchten wir das, als sich in einem Film ein Neonazi in einem Wald versteckte. Schon wenn der Schauspieler die Klappe in die Hand nahm, verwandelte sich Alf in eine Bestie. Die Regisseure waren dann immer sehr glücklich.

Vom Kettenhund zum Filmstar

Es gibt Hunde, mit denen meine Lebensgeschichte enger verknüpft ist als mit anderen. Zu ihnen gehört Dog Shadow. Dabei war ihm nicht in die Wiege gelegt, dass er einmal ein erfolgreicher Filmhund werden sollte. Er kam im Elsass bei einem Bauern auf die Welt und wurde bereits als Welpe mit einem Würgehalsband an die Kette gelegt. Leider vergaß der Bauer, das Halsband auszuwechseln, als Dog Shadow größer wurde. Und Dog Shadow wurde ziemlich groß: Als Mischling aus einem Bernhardiner und einem Irish Wolfshound brachte er ausgewachsen 85 Kilogramm auf die Waage. Das Würgehalsband schnitt sich immer tiefer in seinen Hals ein und wuchs schließlich unter seinem Fell ein. Nur der Kettenring schaute noch heraus, als ihn Tierschützer auf dem verwahrlosten Hof fanden. Sie befreiten Dog Shadow und brachten ihn in ein Tierheim. Das Würgehalsband musste dem Hund aus dem Hals operiert werden. Da er im Tierheim nach den Pflegerinnen schnappte, dachten sie darüber nach, ob es nicht besser wäre, den Riesenhund einzuschläfern. Dann trat ich auf den Plan, verliebte mich auf der Stelle in diesen wunderschönen Hund

und beschloss, ihm das Leben zu retten. Die Tierheimleiterin wollte mir mit meiner Größe von 1,50 Meter den Hund erst gar nicht geben. „Sie sind doch viel zu klein", sagte sie immer wieder. „Sie können diesen Riesenhund doch gar nicht handeln." Aber ich setzte mich durch. Und Dog Shadow hat nicht ein einziges Mal während unserer gemeinsamen Zeit nach mir geschnappt – wir liebten uns vom ersten Tag an.

Doch zuerst standen wir vor der Aufgabe, diesen Riesen nach Hause zu kriegen. Dog Shadow hatte panische Angst davor, in unser Auto zu steigen, und wir mussten lange ziehen, schieben und locken, bis wir ihn endlich hineingebracht hatten. Bei uns angekommen ging es weiter mit der Aufregung. Der arme Hund stank dermaßen, dass ich mir in den Kopf gesetzt hatte, ihn zu baden. Damals wohnten wir noch in Neupotz und es war sicher ein Bild für Götter, als das Riesenvieh endlich in der Badewanne war. Er wehrte sich, so gut er konnte, alles, was im Bad herumstand, flog durch die Luft. Als er dann irgendwann halb eingeseift wieder aus der Wanne sprang, wurde ich energisch. „So, Bürschchen", sagte ich, „wenn du lieber draußen baden willst – von mir aus." Obwohl Winter war und das Thermometer null Grad anzeigte, stand der arme Dog Shadow zitternd draußen im Hof, während ich ihn mit dem Schlauch abspritzte. Eine ganze Flasche Shampoo verbrauchte ich, dann wurde er abgerubbelt und durfte sich vors offene Kaminfeuer legen. Da schlief er erst einmal ein, völlig erschöpft von den Abenteuern dieses Tages. Als er sich zwei Stunden später erhob, sein Fell sauber und glänzend, war Dog Shadow ein anderer Hund. Sein Blick zeigte mir, wie erleichtert er war. Ich glaube, an diesem Abend wurde ihm klar, dass in seinem Leben eine neue Ära begonnen hatte.

Benji allerdings, der ständig mit allen Rüden, die ihm in die Quere kamen, catchen wollte, erlebte mit Dog Shadow sein blaues Wunder. Denn dieser Riese stand einfach nur da, wäh-

rend Benji ihn immer wieder ansprang, sich in seinem Fell ver-
krallte und ihn zu Fall bringen wollte. Schließlich musste er einsehen, dass er diesem Kerl nicht gewachsen war, und die beiden wurden Freunde.

Dog Shadow war ungeheuer begabt, das Apportieren lernte
er innerhalb von zwei Tagen. Er liebte mich abgöttisch und hörte auf den kleinsten Wink. Wir waren ein fantastisches Team,
der Riesenhund und ich, die kleine Tiertrainerin. Dog Shadow
hatte die schönsten Augen, die Sie sich vorstellen können, sie
sahen aus, als wären sie mit Kajal umrandet. Darum schauten
ihm die Leute sehr gern in die Augen, was er aber überhaupt
nicht leiden konnte. Für einen Rüden ist das sogar eine Kampf-
ansage. Bevor zwei Hunde miteinander kämpfen, stellen sie
sich voreinander hin und schauen sich tief in die Augen. Bei
Filmarbeiten musste ich außerdem Acht geben, dass ihm niemand vor Begeisterung um den Hals fiel, denn das mochte er
gar nicht.

Dog Shadow hat viele schöne Filme gedreht. Seinen Einstieg
hatte er bei der Serie „Die Fallers", später folgten Filme wie „Ein
Bernhardiner namens Möpschen" und viele andere. Gemeinsam mit Benji machte er Werbung für Frolic. Leider starb Dog
Shadow, während ich beruflich unterwegs war, das tut mir heute noch weh. Zu gern hätte ich ihn im Arm gehalten, als es so
weit war. Dog Shadow wurde acht Jahre alt, für seine Rasse ein
durchschnittliches Alter. Ein solcher Charakterhund ist mir
selten begegnet – ich vermisse ihn heute noch.

Rosa Pudel als Markenzeichen

Haben Sie schon einmal rosarote Pudel gesehen? Der Film
„Lulu und Jimmy", der 2008 in die Kinos kommen wird, gibt
Ihnen die Gelegenheit dazu. Für den Regisseur Oskar Roehler
färbten wir drei weiße Pudel pink – mit einer selbst gebrauten

Mischung aus Lebensmittelfarbe, Filmblut und Henna. Diese Farbe ist das Markenzeichen von Oskar Roehler, in jedem seiner Filme kommt etwas, das normalerweise nicht pink ist, in dieser Farbe vor. Dieses Mal war das ganze Set rosafarben. Natürlich erregten die rosa Pudel überall, wo sie auftauchten, großes Aufsehen. Beim Gassiführen wäre sogar einmal fast ein Auffahrunfall passiert. Es ist tatsächlich eigenartig, wenn man die pinken Pudel sieht. Man denkt, man hat etwas an den Augen. Und dennoch passt diese Farbe auf gewisse Weise wunderbar zu ihnen.

Oskar Roehler ist ein sehr eigener Mensch. Auf mich wirkt er wie ein zerstreuter Professor, er lebt nur für den Film, den er im Moment macht, und nimmt darüber hinaus kaum etwas wahr. Er ist ein echter Eigenbrötler und viele Menschen haben Schwierigkeiten in der Zusammenarbeit mit ihm. Nicht so unsere Lily, unsere Rosa-Pudel-Protagonistin. Sie liebt er heiß und innig und nennt sie nur noch „Lilyfee". Unsere Lily hat aus Oskar einen ganz anderen Menschen gemacht, einen zärtlichen, verschmusten Hundenarren. Er will sich sogar selbst einen Pudel anschaffen!

Es ist immer wieder wundersam für mich zu beobachten, wie Tiere in den Menschen etwas ganz tief und direkt ansprechen, sodass sie völlig neue Seiten zeigen. Ich genieße das sehr, denn durch die Tiere komme ich besser an Menschen heran, die sonst im Umgang sehr schwierig sein können. Die Gespräche, die dann entstehen, drehen sich um Dinge, die nichts mit Karriere oder dem aktuellen Drehalltag zu tun haben. Tiere bewirken, dass sich Menschenherzen öffnen, das ist es, was ich immer wieder mit Staunen beobachte. Auch bleibe ich über die Tiere oft noch lange Zeit mit Schauspielern oder Regisseuren in Kontakt.

Ich habe einen Grundsatz am Set: Meine Tiere werden nicht gestreichelt. Schließlich sind sie keine Spielkameraden für gelangweilte Schauspieler, sondern sollen sich auf sich und ihre Filmpartner konzentrieren. Aber bei Oskar Roehler und seiner „Lilyfee" habe ich eine Ausnahme gemacht: Er darf sie streicheln, wann immer er will.

Frieren bei der „Sturmflut"

Es gibt auch Filmsets, die sehr ungemütlich sind, zum Beispiel das Set für den *RTL*-Fernsehzweiteiler „Die Sturmflut". Wir drehten im Winter in Essen und ein paar Szenen auch in Hamburg – und kamen aus dem Frieren nicht mehr heraus. In Essen hatte die Produktionsfirma ein Freibad gemietet und dahinein war das Set gebaut: eine ganze Apotheke beispielsweise, eine Straße, Autos – alles halb unter Wasser und bei zwölf Grad Wassertemperatur. Für die Hauptdarsteller gab es Whirlpools, die schön geheizt waren, der Rest – inklusive wir und unsere Hunde – konnte sehen, wo er blieb.

Lange Zeit war gar nicht klar, ob wir überhaupt verpflichtet werden sollten oder lieber doch nicht. Drei Monate lang ging das hin und her, bis dann zwei Tage vor Drehbeginn, der Anruf kam. Die Aufgabe für unsere Hunde sah bei diesem Auftrag so aus: Bei der großen Sturmflut saßen sie auf den Dächern von Häusern und Autos oder schwammen im Wasser und sie wurden in letzter Sekunde gerettet. Auch das muss man natürlich mit einem Hund üben. Hinzu kommt, dass ein Außendreh im Winter im kalten Wasser ein gesundheitliches Risiko für die Tiere bedeutet. So saßen wir in den Drehpausen in einem schlecht beheizten Zelt und föhnten die Hunde wieder trocken, damit sie sich nicht den Tod holten. Meine Hunde sind alle Profis und haben das gut hingekriegt. Wir mussten eben Tiere auswählen, die keine Angst vor Wasser hatten. Ansonsten habe ich selten so chaotische Dreharbeiten erlebt, aber das gibt es eben auch in der Filmbranche.

Mops Mortadella

Welche Hunde gerade in sind, wechselt immer wieder, das ist wie eine Modeerscheinung. Eine Zeit lang waren überall im Fernsehen Schäferhunde zu sehen, dann waren sie für eine Weile out. Auch das Image von Tieren wird stark durch die Medien geprägt. Besonders schade finde ich die allgemeine Hysterie, die vor einigen Jahren im Zusammenhang mit Kampfhunden ausgebrochen ist. Seither muss zum Beispiel mein armer Rottweiler Colt immer den bösen Hund spielen, obwohl er ein ganz lieber Kerl ist.

Als Möpse sehr gefragt waren, suchte das *ZDF* für eine Tiersendung einen Mops als Moderator. So kam die Hundedame Mortadella zu uns, um für die Sendung „Mopsfidel" zu arbeiten. Diese Sendung war so konzipiert: Mortadella läuft durch ein Haus und findet im Wohnzimmer ein großes Buch. Sie setzt sich hin und blättert mit ihren Pfoten die Seiten des Buches um. Nun ist beispielsweise ein Papagei zu sehen, der nächste Filmbeitrag dreht sich dann um ein Thema, das mit Papageien zu tun hat. Wenn dieser zu Ende ist, blättert Mortadella weiter und ein neues Thema von einer Buchseite wird lebendig. Natürlich kann ein Hund keine Buchseiten umblättern, das wurde später in der Postproduktion animiert. Aber Mortadella musste ihre Pfote auf die entsprechende Buchseite legen und das hat sie wunderschön gemacht.

Im Moment üben wir mit ihr für einen Auftritt in einem Bollywood-Film, der den Titel „Tandoori Love" trägt und in der Schweiz gedreht wird. Dabei soll Mortadella auf einem Wägelchen durch die Gegend fahren. Dieser Rollwagen, den eigentlich behinderte Hunde benutzen, wird für den Hund nach Maß gefertigt. Es sieht ziemlich lustig aus, wenn Mortadella in diesem Wägelchen über den Hof läuft. Sie spielt in diesem Film den behinderten Liebling einer alten Dame, der schrecklich verwöhnt wird. Am Ende gibt der Koch, der die Alte hasst, dem Hund eine Peperoni zum Fressen. Dieser schießt daraufhin in seinem Wägelchen wie verrückt durch die Gegend – ehe er stirbt. Es gibt Rollen im Leben eines Filmhundes, auf die würde nicht mal ich als Filmtiertrainerin kommen.

Touffine und die Chips-Werbung

Er sitzt auf dem Sofa und trägt einen Halstrichter. Kaum greift der Verehrer seines Frauchens, der zum ersten Mal in der Wohnung ist, zur Chipstüte, bellt er so giftig, dass dessen Hand zurückfährt. Dieser Werbespot hat 2005 viele Zuschauer erfreut. Touffine heißt die kleine Hundedame, die das zähnefletschende Minimonster mimte, das die Chips lieber allein essen wollte.

Hunde hassen es, wenn sie diesen Trichter tragen müssen. Nicht, weil er ihnen Schmerzen bereitet, sondern weil sie ihn immer dann umhaben, wenn der Tierarzt an ihnen herumgedoktert hat. Hauptsächlich nach Operationen verhindern diese Halskrausen, dass die kleinen Patienten sich die Wunde auflecken. Sie erinnern sich bestimmt auch nicht gern an die Krücke, die Sie nach einem Beinbruch wochenlang benutzen mussten.

Als dem guten Mann im Werbespot der Eigensinn des kleinen Hundes schließlich zu viel wird, packt er ihn und stellt ihn kurzerhand kopfüber mit dem Trichter auf den Tisch. Doch keine Angst: In diesem Teil des Spots wurde Touffine von einem Dummy gedoubelt!

Touffine ist eine Yorkshireterrier-Hündin und wie der Mops gerade sehr in Mode. Diese Hunde sind süß und frech. Die kleine Touffine ist eine sehr begabte Filmhündin und ihre Szene auf dem Sofa spielte sie mit voller Inbrunst. Vielleicht lag es auch daran, dass sie tatsächlich für ihr Leben gern Chips frisst ...

„Waschen, Schneiden, Legen"

Sehr lustig ging es auch bei dem Film mit Guildo Horn zu, der ein unheimlich lieber Mensch ist. Wir haben die Arbeit mit ihm sehr genossen. Die Szenen, bei denen wir beteiligt waren, spielten in einem feinen Hundesalon, in den nur die reichen Leute mit ihren Schoßtieren kommen. Diese werden wie kleine Persönlichkeiten behandelt, ihr Fell wird frisiert oder getönt und in meiner Lieblingsszene rollte Guildo einem meiner Bonnyhunde Lockenwickler ins Fell und färbt ihn lila. Eine kleine Szene, die richtig schön geworden ist.

Guildo hat eigentlich große Angst vor Hunden. Trotzdem schaffte er es, auch die folgende Szene durchzustehen: Guildo wird von einem Auto angefahren und fällt zu Boden. Aus dem Auto, das sofort anhält, springen die TV-Moderatorin Gloria de Vries, gespielt von Sissi Perlinger, und ihr riesiger Bernhardiner, der anfängt, Guildos Gesicht abzulecken. Bernhardiner produzieren zwar schon von Natur aus reichlich Speichel, doch in dem Fall bedurfte es noch ein wenig mehr davon. So schmierten wir dem Hund flüssiges Eiweiß in die Lefzen, das nun dem am Boden liegenden Schauspieler ins Gesicht tropfte. Ich hielt Guildo während der gesamten Szene die Hand, nachdem ich ihm zuvor versprochen hatte, sofort abzubrechen, wenn er die Hand drücken sollte. Obwohl er sich unsäglich ekelte, konnten wir auch diese Szene bis zum Ende drehen und Guildo hatte meinen ganzen Respekt für seine große Professionalität.

Leider wurde dieser Film ein Riesenflopp und das tat mir sehr leid für Guildo. Dabei wollte er den Film ursprünglich gar nicht machen, wie er mir anvertraute. Wahrscheinlich weiß er genau, wo seine Stärken liegen und wo nicht. Aber er ließ sich überreden und war dann sehr unglücklich über die schlechte Resonanz. Aber das wird er wegstecken und ein anderes Projekt funktioniert dann wieder besser.

„Der große Bagarozy"

Wie schwierig eine eigentlich einfache Szene sein kann, erfuhr
ich bei den Dreharbeiten zu Bernd Eichingers „Der große Baga-
rozy", eine Verfilmung des Romans von Helmut Krausser mit
Til Schweiger, Corinna Harfouch und Thomas Heinze. In dieser Geschichte verwandelt sich der Teufel von einem Pudel in
eine menschliche Gestalt. In der Szene, in der dies geschieht,
musste mein Pudel auf eine Mauer springen. Weil der Teufel
bereits in Hundegestalt sprechen sollte, was später animiert
wurde, durfte der Hund auf keinen Fall die Zunge zeigen und
hecheln. Doch leider drehten wir an einem heißen Sommertag,
wir hatten 32 Grad im Schatten und dem Hund war heiß. Hinzu kam, dass der Bildausschnitt genau in der prallen Mittags-
sonne lag.

Der Pudel sprang von hinten auf die Mauer, setzte sich hin,
schaute in die Kamera und sollte sprechen. Wir sind fast verrückt geworden, aber mein Pudel war einfach nicht davon ab-
zuhalten, auf dieser verdammten Mauer zu hecheln, was das
Zeug hielt. Wir haben alles versucht, hielten den Hund vor der
Aufnahme im klimatisierten Auto, dann raus und sofort den
Sprung auf die Mauer – er hechelte. Hier war das Ende der Fah-
nenstange erreicht, ich kann einem Hund nicht beibringen, die
Zunge ins Maul zu nehmen und nicht zu hecheln, wenn ihm
zu heiß ist. Da stößt der Tiertrainer an die natürlichen Gren-
zen. Wir haben es bestimmt 20 Mal versucht. Am Ende musste der Regisseur eben die Bilder nehmen, die möglich waren.

„Der Unhold" von Volker Schlöndorff

Eine meiner ersten richtig großen Filmproduktionen, bei der
ich 1995 mitwirken durfte, war der Kinofilm „Der Unhold" unter der Regie von Volker Schlöndorff. Dafür musste ich drei gro-

ße Hunde trainieren, die an einem Pferd angeleint waren und mit ihm in vollem Galopp liefen. Im Film ging es um einen SS-Offizier, der während des Zweiten Weltkriegs in Polen auf einem schwarzen Pferd von Hof zu Hof reitet, um die Jungen für die Hitlerjugend einzusammeln. Die Produktion war schon mit uns im Gespräch, aber noch waren keine Termine ausgemacht. Da rief eines Mittags die Produzentin an und sagte, Herr Schlöndorff sei am Nachmittag in seinem Berliner Büro und würde gern die Hunde sehen. „Ja natürlich", sagte ich, „innerhalb einer halben Stunde reise ich mit drei großen Hunden aus der Pfalz nach Berlin! Wie stellt ihr euch das vor?" Ich war schon bekannt dafür, dass ich immer versuche, auch das Unmögliche möglich zu machen, aber einen fliegenden Teppich hatte ich leider nicht. Also flog ich ohne Hunde zur Regiebesprechung.

Zunächst wollte Schlöndorff, dass drei Doggen mit dem Pferd mitliefen, doch ich konnte ihn davon überzeugen, dass wir besser mit Dobermännern arbeiteten, da die viel pfiffiger sind als Doggen. Dennoch ist eine solche Szene für jeden Hund eine Herausforderung. Die drei Hunde mussten sich an das Pferd gewöhnen, damit sie keine Angst vor den Hufen hatten und nicht nach dessen Beinen schnappten. Und: Besonders wenn das Pferd in den Galopp fällt und die Hunde mitlaufen sollen, erwacht in ihnen leicht der Jagdinstinkt, das musste ich ihnen abgewöhnen. Natürlich war es auch nicht einfach, drei Hunde angeleint am Pferd mitzuführen, denn die Leinen konnten sich schnell ineinander verwickeln. Letztendlich musste sich auch das Pferd an seine drei Begleiter in der Szene gewöhnen. Um das alles mit den Tieren zu trainieren, fuhr ich bereits drei Wochen vor Drehbeginn nach Polen, wo das Pferd schon wartete. Als es ans Filmen ging, klappte alles wie am Schnürchen. Für mich war es äußerst spannend, mit einem so erfahrenen Regisseur wie Volker Schlöndorff zu arbeiten.

Für diesen Film hatte Schlöndorff das Drehbuch selbst geschrieben, Regie geführt und außerdem sehr viel von seinem eigenen Geld investiert. Leider wurde „Der Unhold" kein Erfolg beim Publikum.

Bonnys Erben

Alle Filmarbeiten meiner Bonnyhunde aufzuzählen würde den Rahmen dieses Buchs sprengen. „Berliner Weiße mit Schuß" war der Auftakt, danach folgten viele andere Filme, zum Beispiel „Shining Through", den ich bereits erwähnt habe, in dem Bonny als Filmpartnerin von Michael Douglas agierte.

Filmen auf Rügen

Ein besonderes Erlebnis war für mich, mit Bonny, ihrer Tochter Balou, ihrer Enkelin Kimba und ihrer Urenkelin LaToya 1995 den Kinderfilm „Dizzy, lieber Dizzy" unter der Regie von Steffi Kammermeier zu drehen. Darin spielte Bonny die Hauptrolle, und da sie schon ein bisschen in die Jahre gekommen war, doubelte ich sie mit der jüngeren Bonnyhundgeneration. Das war das einzige Mal, dass diese Viererbande gemeinsam bei einem Filmprojekt mitwirkte.

Die Geschichte spielt auf Rügen, dort war ich gemeinsam mit meinen Hunden in einem Bungalow untergebracht. Im Film findet das Mädchen Mimi einen süßen Hund und nennt ihn Dizzy. Bald merken sie und ihre Freunde, dass finstere Agenten eines Kosmetikkonzerns hinter dem Hund her sind, denn er ist aus einem Forschungslabor entwischt. Damit die Verfolger ihn nicht erkennen, färben die Kinder das weiße Fell des Hundes rot. So färbte auch ich einen der Bonnyhunde rot – und einen zur Hälfte rot für die Szenen, in der die Färbeaktion abläuft. Wenn ich nun mit zwei weißen, einem halbroten und einem roten Bonnyhund auf der Insel spazieren ging, war das die Attraktion schlechthin. Nachdem ich zum hundertsten Mal gefragt worden war, was denn das für eine seltsame Rasse mit rotem Fell sei, erzählte ich den Leuten, das sei eine ganz teure amerikanische Züchtung. Von 100 Hunden, schwindelte ich, hat einer ein rotes Fell – und die Leute glaubten mir das. Diese Wochen auf Rügen waren mit die schönsten meines Lebens. Leider musste ich mich am Ende mit der Produktionsfirma vor Gericht streiten, um wenigstens einen Teil meines Honorars zu bekommen. Am Ende wurde ein Vergleich geschlossen.

Mein coolster Filmhund

Für Bonnys erste Engagements hatte ich – aufgrund meiner eigenen Unerfahrenheit – noch zu niedrige Honorare bekommen. Für ihre Tochter Balou ging ich von Anfang an mit anderen Vorstellungen in die Verhandlungen. Balous zweites Engagement brachte ihr bereits eine Hauptrolle in einer Schulsendung ein, einer Serie für ausländische Kinder, die auf diese Weise Deutsch lernten. Die Serie hieß „Anna, Schmidt & Oskar", davon liefen mehr als 50 Folgen über zwei Jahre lang. Balou spielte Oskar und musste komplizierte Dinge machen, zum Beispiel Schränke und Schubladen öffnen. Balou war fit, hatte eine gute Auffassungsgabe und agierte wie ein menschlicher Schauspieler – mit Sicherheit war sie der coolste Filmhund, mit dem ich je gearbeitet habe. Nachdem sie mein komplettes Filmtiertraining absolviert hatte, konnte sie zudem als perfektes Double ihrer Mutter auftreten. Ihre Fähigkeiten waren manchen Leuten fast unheimlich. Wenn die Regisseure „Bitte" sagten, was bedeutet, dass die Szene losgehen soll, dann setzte sich Balou, genau wie die Schauspieler, ohne weiteres Kommando von mir in Bewegung. Das konnten viele kaum fassen! Sie und ihre Mutter sind in zahlreichen Filmen und Werbespots aufgetreten und waren auch für Fotoshootings äußerst gefragt – ihre Nachkommen sind das heute noch.

Während Bonny mehr eine Draufgängerin war, die sich auch gern mal schmutzig machte, gab sich Balou lieber als die feine Dame, saß in schönen Posen auf einem Stühlchen. Sie verhielt sich wie eine Prinzessin, als ob sie genau wusste, was sie wert war. Mit Bonny aber hat alles angefangen, ihren Nachkommen gehört auch heute noch mein Herz. Inzwischen machen die Töchter von Bonnys Urenkelin LaToya das Hundegehege auf dem Sakamanga-Hof unsicher: Tiffany, Cindarella und Tabaluga heißen sie. Und vor wenigen Monaten haben auch Tabaluga und Tiffany Nachwuchs bekommen, die kleine Hündin Pepper und Imac, einen Rüden.

Ein Foto mit Michael Jackson
Während der Dreharbeiten zu „Anna, Schmidt & Oskar" in den Studios des *WDR* in Köln ging eines Tages das Gerücht um, Michael Jackson sei auf dem Gelände. Sofort schnappte ich Balou und begab mich auf die Suche. Eine solche Gelegenheit, einen internationalen Star hautnah zu erleben, durfte ich mir nicht entgehen lassen. Und da entdeckte ich auch wirklich Michael, wie er, umgeben von einer Menge Sicherheitspersonal, ein Studio betrat. Ich hinterher. Die Tür sollte eben geschlossen werden, da gab mir ein befreundeter Kameramann einen schnellen Schubs und ich rutschte mit Balou auf dem Arm gerade noch in den Raum, bevor die große Tür hinter mir zuging. Etwa 15 Bodyguards beäugten mich misstrauisch, als ich zögernd fragte, ob ich wohl ein Foto mit Herrn Jackson machen dürfe. Sie wollten mich schon abwimmeln, als Michael Jackson mich sah und sofort bereit war, mir diesen Gefallen zu tun. Ich bin heute noch stolz auf dieses Foto.

Als Kimba beinahe verhaftet wurde
Einmal wären Kimba und ich fast wegen unerlaubten Waffenbesitzes verhaftet worden. Wir drehten gerade in Hamburg, als

ich einen Anruf von „Arabella" erhielt. Schon in wenigen Tagen sollte ich in München in der Talkshow auftreten. Das Thema der Sendung waren Menschen, die mit Tieren arbeiten, und ich sollte mit Kimba den „Pistolen-Trick" vorführen. Dabei richtete ich eine Filmpistole auf Kimba, die sich nach dem „Peng" auf den Boden legte und so lange toter Hund spielte, bis ich sagte „Gehen wir zum Tierarzt". Auf dieses Kommando hin wurde die Totgeglaubte urplötzlich wieder lebendig. So packte ich Kimba und die Filmpistole ein und fuhr zum Flughafen. Dort machten uns die Männer von der Sicherheitskontrolle jedoch einen dicken Strich durch die Rechnung. Ich erklärte 30 Minuten lang, dass die Pistole keine echte Waffe sei, wir sie aber dringend für den Auftritt bei „Arabella" bräuchten. Den drei hinzugeholten Polizisten leuchtete das ebenso wenig ein und so mussten wir unseren Flug wohl oder übel ohne die Pistole antreten. Immerhin entkamen wir der anfänglich angedrohten Verhaftung. Und irgendwie hat es das Team von „Arabella" geschafft, noch ganz knapp vor der Sendung eine Pistole zu besorgen, die der, an die Kimba gewöhnt war, glich.

LaToyas Verehrer

Angefangen hatte die Sache ziemlich dramatisch: LaToya hatte eine schwere Vergiftung, weil sie im Garten unseres Hauses in Neupotz Efeu gefressen hatte, was sehr gefährlich ist. Sie lag tagelang in Karlsruhe auf der Intensivstation der Tierklinik, es ging um Leben und Tod. Bis mich eines Morgens der Arzt anrief und sagte: „Eben hat sie zum ersten Mal wieder mit dem Schwänzchen gewedelt." Als ich sie ein paar Tage später nach Hause holen konnte, war ich unglaublich erleichtert.

Am Tag darauf klingelte das Telefon, der Arzt aus der Tierklinik war dran. Er fragte, ob ich mit LaToya vorbeikommen könnte, um einen Krankenbesuch zu machen. Ihr Zimmergenosse in der Klinik, ein kleiner schneeweißer Tibet-Spaniel, hatte sich unsterblich in LaToya verliebt. Der arme Kerl war ziemlich lädiert eingeliefert worden, vermutlich hatte er einer Prostituierten gehört und war samt seinem Frauchen von deren Freier verprügelt worden. Da ihm ein Auge aus der Höhle hing, war eine Operation unumgänglich gewesen. Als ich sah, wie verliebt der Kleine in LaToya war, und da klar war, dass er kein Zuhause mehr hatte, entschloss ich mich, den armen Kerl aufzunehmen, nachdem seine Blessuren verheilt waren. Ich nannte ihn „Shiro", was im Japanischen „weiß" bedeutet.

Er hing zeit seines Lebens mit einer rührenden Leidenschaft an LaToya, sie war und blieb sein Ein und Alles. Besonders lustig fand ich den Werbespot für Viagra, den die beiden gemeinsam drehten. Der ging so: Ein älteres, sehr distinguiertes Ehepaar feiert seine Silberhochzeit. LaToya und Shiro sind ihre Schoßhündchen. Der Mann macht seiner Frau ein kostbares Geschenk und sie überreicht ihm eine kleine Schmuckschatulle. Darin liegt eine Viagra-Tablette. Vor Schreck lässt der Mann sie fallen – und Shiro frisst sie auf. Und im Abspann sieht man, wie er und LaToya wie elektrisiert Liebe machen.

Tiffany als Maskottchen

2005, als Tiffany noch ein junger Hund war, spielte sie in dem ZDF-Zweiteiler „Dresden" unter der Regie von Roland Suso Richter mit. Und zwar hatten die englischen Piloten im Zweiten Weltkrieg – und das ist historisch verbürgt – als Maskottchen immer ein kleines Hündchen bei sich. Im Film spielte Tiffany dieses Maskottchen. Es waren ein paar sehr bewegende Szenen mit einem jungen Piloten und dem kleinen Bonnyhündchen im Film zu sehen.

Wie es mit den Bonnyhunden weiterging

Sie wissen es ja bereits, meine Bonnyhunde liegen mir ganz besonders am Herzen. Auch heute noch züchte ich sie, doch inzwischen hat sich etwas geändert. Bis zu LaToyas Generation hatte ich immer nur ein einziges Mädchen aus jedem Wurf behalten. Doch die Geburt von LaToyas drei Töchtern war äußerst schwierig: Die Wehen wollten sich nicht richtig einstellen und einer der Welpen steckte gefährlich lange im Geburtskanal, sodass schließlich ein Kaiserschnitt nötig wurde. Zu diesem Zeitpunkt hatte ich noch vor, nur eines der Weibchen zu behalten. Als die Babys drei Wochen alt waren, starb überraschend Kimba, die Großmutter der Kleinen und die Enkelin von Bonny.

Und bald darauf musste, viel zu jung, auch LaToya sterben. Alle Bonnyhunde wurden eigentlich sehr alt, Bonny, Kimba und Balou lebten zwischen 16 und 18 Jahren, LaToya wurde nur 13 Jahre alt. Alles ging so schnell, dass ich mich gar nicht richtig auf den Abschied einstellen konnte. Eines Abends kochte ich, wie ich es manchmal tue, wenn ich Zeit habe, in einem Riesenkessel ein Hundeessen. Dazu macht Mike draußen auf dem Hof Feuer und ich kaufe Mohrrübchen, Reis oder Nudeln, Fleisch und frische Kräuter. Die Zutaten koche ich dann in einem großen Kessel – wie eine Hexe, die ihren Zaubertrank braut. Schon wenn die Hunde den Topf sehen, werden sie aufgeregt, weil sie wissen, dass es ein Fest gibt. Selbstgekochtes ist einfach anders als Fertigfutter. Ich lege vor allem auf die Kräuter großen Wert und verabreiche meinen Hunden regelmäßig Brennnesseln für eine gute Durchblutung, Spitzwegerich für die Lunge und die Bronchien und ein Gänseblümchen gegen das Sabbern.

Am besagten Abend fraß LaToya ganz normal, aber in der Nacht erbrach sie alles. Erst dachte ich, dass sie vielleicht etwas Schlechtes im Magen gehabt hatte. Doch von da an ging es bergab mit ihr. Sie fraß immer weniger und nach vier Tagen machte ich mir ernsthaft Sorgen. Ein Besuch beim Tierarzt brachte traurige Gewissheit: Nierenversagen. Natürlich versuchte ich noch zu tun, was möglich war, und gab ihr zu Hause Infusionen. Trotzdem ging es ihr täglich schlechter, man sieht es den Hunden an den Augen an, wenn sie leiden. Schon bald fing LaToya an zu torkeln, ihr Blut war also schon vergiftet, sodass ihr wirklich elend war. Ich rief daraufhin in einer Klinik in Bochum an, wo Dialyse für Hunde gemacht wird. Für die Blutwäsche hätte LaToya zweimal pro Woche in die Klinik kommen müssen und anschließend sechs Stunden liegen. Da entschied ich, dass das kein Leben für einen Hund sein kann. So brachte ich LaToya schweren Herzens in die Klinik, wo sie die erlösende Spritze bekam. Zuvor hatte ich sie noch einmal nach Wörth und Neupotz, die Orte ihrer Kindheit, gebracht, wo wir ein wenig spazieren gingen, soweit das noch möglich war.

Danach war ich mehrere Tage wie gelähmt. Es kostet mich sicher einige Jahre meines eigenen Lebens, dass mich die endgültigen Abschiede so sehr mitnehmen. Außerdem spürte ich ganz genau, dass mit Kimba und LaToya etwas zu Ende gegangen war. Vielleicht war nun der Zauber des Anfangs, den diese Hunde für mich verkörpert hatten, verflogen.

Nach diesem Einschnitt und damit die Linie nicht abreißen würde, entschloss ich mich, von der neuen Generation ausnahmsweise drei Weibchen zu behalten. Ich hatte ja gerade erst erlebt, wie schnell der Tod kommen kann, und ich wollte nicht riskieren, eines Tages ohne Bonnyhund dazustehen. Allerdings war es eine riesige Herausforderung, drei Geschwister gleichzeitig zu trainieren. Diese Entscheidung habe ich aber nie bereut. Als wollten sie mir helfen, über den Verlust hinwegzukommen, hat jede der drei Hundedamen etwas von ihren Ahninnen, die ich so liebte: Tabaluga kommt nach Kimba, Cindarella nach ihrer Mutter LaToya und Tiffany nach Balou. Da es aus einer anderen Linie noch den Bonnyrüden Cookie gibt, den ich zum Decken einsetzen kann, ist es mir möglich, meine selbst kreierte Bonnyhund-Familie weiterzuführen. Die kleine pechschwarze Pepper schließlich ist die Tochter von Tabaluga.

Bis zu ihrem ersten Lebensjahr wird sie jedoch aufhellen und grau werden. Es freut mich besonders, dass ich neben all meinen braunen Bonnyhunden nun auch graue habe. Imac, der Sohn von Tiffany, ist nur aufgrund eines bösen Unfalls bei uns geblieben. Er war schon verkauft, als ihm Terrier Gandalph mit seinen Zähnen ein Pfötchen brach. Obwohl Imac in der Tierklinik gut behandelt und wieder völlig geheilt wurde, wollten ihn die Besitzer nun nicht mehr zu sich nehmen. So springt er heute munter und fröhlich auf unserem Hof herum.

Übrigens wurde Bonny in ihrem Leben eine sehr ungewöhnliche Ehrung zuteil: Im Mai 1987, da war sie seit rund fünf Jahren im Filmgeschäft, wurde sie von der Stadt Kandel zum Ehrenhund auf Lebenszeit ernannt. Die dazugehörige Urkunde, die ihr anlässlich eines Sommerfests überreicht wurde, habe ich heute noch und sie gehört zu meinen Erinnerungsschätzen. Um Bonny, der ich so viel in meinem Leben verdanke, ein würdiges Andenken zu setzen, habe ich bei dem Künstler Jan Valach eine überlebensgroße Statue von Bonny bestellt. Das war schon immer mein Traum. Und Jan, der auch den Drachen Fuchur für den Film „Die unendliche Geschichte" nach dem Roman von Michael Ende geschaffen hat, ist dafür genau der Richtige. Diese Statue wird für alle Bonnyhunde stehen, die jemals bei mir waren. Wer das Grundstück unseres Hofs betritt, wird von ihr mit dem unvergleichlichen Lächeln der Bonnyhunde begrüßt.

Kapitel 8
Meine bunte Menagerie

Am einfachsten ist es, Hunde zu trainieren. Dennoch finde ich die Arbeit mit anderen Tieren nicht problematisch, im Gegenteil, ich liebe die Herausforderung, die jede neue Aufgabe mit sich bringt. Manche Tier lernen schnell, für andere braucht man mehr Geduld und Zeit oder eine andere Methode. Ich probiere ständig Neues aus und lerne immer am meisten von den Tieren selbst.

Ich bin nicht die einzige Tiertrainerin in Deutschland, habe mich aber als Einzige nicht auf eine Tierart spezialisiert. Es gibt Kollegen, die ausschließlich Hunde trainieren, andere arbeiten hauptsächlich mit Pferden oder Raubtieren. Keiner von ihnen kann eine so große Vielfalt an Tieren vorweisen wie ich. Und nirgendwo sonst leben so viele unterschiedliche Tiere auf einem ehemaligen Bauernhof so harmonisch zusammen wie bei uns in Minfeld. Damit das überhaupt funktionieren kann, lautet die erste und wichtigste Regel, welche die Tiere bei mir lernen müssen: Man frisst sich nicht gegenseitig auf. Nur so ist es möglich, dass sich auch scheue Tiere wie Rehe bei uns auf dem Hof wohlfühlen.

Einsatz für Rehe

Zurzeit ziehe ich ein Kitz mit der Flasche auf, das mir mein Tierarzt vor einigen Monaten gebracht hat. Kinder hatten das zwei Tage alte Reh auf der Straße gefunden. Es war halb verhungert und seine Haut von Maden zerfressen. Es hatte seine Mutter verloren und wäre jämmerlich zugrunde gegangen. Nun bin ich die neue Mama – und das bedeutet wie bei einem neugeborenen Menschenkind: alle zwei Stunden raus, auch in der Nacht. Mike und ich wechseln uns dabei ab. Die persönliche Zuwendung ist unumgänglich, denn ich will ja, dass die Tiere mich ihr Leben lang als Bezugsperson akzeptieren.

Die kleine Shirin gedeiht prächtig und ich nehme sie überallhin mit. Neulich war sie sogar im Festspielhaus in Baden-Baden dabei, wo meine Katze Bubblegum einen Auftritt in der Oper „Tosca" hatte. Während der Probe stellte ich das kleine Reh einfach zu den anderen Tieren auf die Bühne. Es ist ganz wichtig, die Tiere schon früh an das alles zu gewöhnen, damit sie später am Set nicht ängstlich reagieren, wenn viele fremde Menschen, Gerüche und Geräusche im Spiel sind. Keiner weiß, was am nächsten Drehort auf uns zukommt, ob zum Beispiel im Studio, in einem alten Gebäude, in der freien Natur oder auf einem Bahnhof gefilmt wird. Ob bei Regen oder Sonnenschein, ob eine Windmaschine tobt oder ein Bombenangriff simuliert wird – alles ist möglich. Meine Tiere müssen jederzeit auch unter den extremsten Bedingungen arbeiten können. Darum schleppe ich die Kleinen immer mit mir herum. Die finden das wunderbar, denn so sind sie immer in „Mamas" Nähe. Bevor der Regisseur Shirin auf der Bühne bemerkte, die ja dort eigentlich nichts verloren hatte, verging eine ganze Stunde. Als sie ihm schließlich auffiel, wurde er ziemlich wütend.

Shirin ist nicht mein erstes Reh, ihre Artgenossin heißt Prinzessin Fantaghiro und hatte bereits viele Filmauftritte. Sie war beispielsweise in „7 Zwerge – Der Wald ist nicht genug" von und mit Otto Waalkes zu sehen. Ich bin sehr froh, mit Shirin in Zukunft ein Double für Fantaghiro zu haben, denn Rehe sind sehr empfindliche Tiere und können nicht lange an einem Stück vor der Kamera stehen. Je nach Tierart bringe ich den Doubles verschiedene Dinge bei, damit die Palette der Darstellungsmöglichkeiten breiter wird. Außerdem ist es für beide lustiger, einen Gefährten zu haben.

Ein Reh findet man auch in jedem Film von Andreas Kleinert. Das ist sein Markenzeichen, so wie der Regisseur Oskar Roehler in jedem seiner Filme die Farbe Pink als persönliches Erkennungszeichen verwendet. Andreas Kleinert liebt meine Fantaghiro und darum baut er immer eine Szene mit ihr ein. So auch in dem Fernsehfilm „Hurenkinder", den wir 2006 drehten. Fantaghiro musste mitten auf einer Landstraße stehen bleiben, als ein Auto angefahren kam, sich mit großen Augen umschauen, um dann, als der Wagen eine Vollbremsung hinlegte, in den Wald zu laufen. Auch dabei war natürlich in keiner Sekunde der Zufall im Spiel. Aber Rehe kann man keinem Basistraining unterziehen, sie reagieren auch nicht wie die Hunde, die auf Kommando stehen bleiben und dann losrennen. Wie also arbeite ich dann mit einem Reh? Ich muss es überlisten.

Damit das Reh zum Beispiel auf der Straße stehen bleibt, lege ich sein Lieblingsfutter genau an die Stelle. Wenn ich es beim Namen rufe, dann sieht es sich um und spitzt die Lauscher. Für das Losrennen zum richtigen Zeitpunkt wende ich dann aber einen echten Trick an. Dabei helfen mir zwei Hunde – die besten Freunde von Fantaghiro. Und dass ausgebildete Filmhunde auf mein Kommando reagieren, das wissen Sie bereits. Ich bringe diese beiden Hunde also mit ans Set und erteile ihnen an der richtigen Stelle das Kommando zum Losrennen. Da das Reh ein Meutetier ist, läuft es einfach mit. Sie sehen also: Auch wenn die Aufgabe schwierig ist, ja, fast unmöglich zu sein scheint, die Lösung ist meistens ganz einfach.

Im Jahr darauf drehte Andreas Kleinert wieder einen Film und plante eine Szene mit Reh ein: Eine Frau auf einem Mountainbike fährt eine Böschung hinunter. Auch ihr kommt Fantaghiro in die Quere, die Frau stürzt. Das Reh schaut frech und verschwindet im Wald. Auch diese Aufnahme habe ich wie gerade beschrieben hinbekommen.

Für Wildtiere wie meine Rehe, aber auch für Wildschweine und alle Vögel muss am Set absolute Ruhe herrschen. Diese Tiere sind extrem empfindlich und scheu und werden von der kleinsten Ablenkung verwirrt. Ich bitte in diesen Situationen auch immer darum, dass sich nur die Menschen am Set aufhalten, die unbedingt benötigt werden, da die Tiere schon auf die kleinste Bewegung reagieren. Hinzu kommt, dass ein Reh ja eigentlich im Wald lebt, es wäre ein Leichtes für das Tier, bei solchen Dreharbeiten einfach wegzulaufen. Dass es das nicht tut, grenzt schon an ein Wunder, ist aber das Ergebnis meiner langen, geduldigen Arbeit mit ihm.

„Tatort" mit Kolkraben

Außer Shirin leben noch andere Jungspunde bei uns auf dem Hof, unter anderem eine Schar junger Kolkraben, die ich im April 2007 von einem Züchter in Österreich erworben habe. Das sind unglaublich intelligente, faszinierende Tiere; es macht großen Spaß, mit ihnen zu arbeiten. Da sie eine Lebenserwartung von rund 80 Jahren haben, sind ihre Reifungszyklen mit denen der Menschen vergleichbar. Im Moment sind die Kolkraben noch Babys, die nichts als Unfug im Kopf haben. Aber natürlich arbeite ich bereits mit ihnen und ihren ersten Einsatz beim Film haben sie auch schon hinter sich.

Ich nenne ihn „unseren leckersten Dreh aller Zeiten". In dem Kölner „Tatort" mit dem Titel „Müll", der im Jahr 2008 ausgestrahlt werden wird, wird eine Leiche auf einer Mülldeponie entdeckt – und es sind drei Raben, welche die Kommissare auf die richtige Fährte bringen. Dazu drehten wir auf einer echten Mülldeponie, und das ist wirklich kein schöner Ort. Da Raben extrem revierbezogen sind – das heißt, sie müssen mit dem Ort, an dem sie agieren, vertraut sein –, reisten wir frühzeitig an. Ein paar Tage vor Drehbeginn begannen wir damit, sie an den Ort und die speziellen Gerüche zu gewöhnen. Ein Bagger häufte einen Müllberg von rund drei Metern Höhe an und darauf übten wir mit unseren gefiederten Darstellern, an der vorgeschriebenen Stelle sitzen zu bleiben und im Müll zu scharren. Außerdem sollten sie genau die Flüge üben, die wir mit dem Regisseur Kaspar Heidelbach vorher detailliert besprochen und schon bei uns zu Hause auf dem Hof trainiert hatten. So weit, so gut.

Doch als der Regisseur am Drehort erschien, kam alles ganz anders. „Was? Das soll ein Müllberg sein? Der muss viel höher sein!", rief er. Also ging alles von vorn los. Der Bagger häufte den stinkenden Müll höher und höher auf, bis der Berg rund sechs Meter hoch war, und wühlte dabei natürlich alles um. Für uns Menschen war der Unterschied nicht sonderlich groß, aber meine Raben musste ich erst wieder an den veränderten Ort gewöhnen. Gut, dass ich mit solchen Überraschungen inzwischen eine Menge Erfahrungen habe und entsprechend reagieren kann.

Eine solche Szene muss man, wenn man Pech hat, tagelang wiederholen, bis sie zur Zufriedenheit des Regisseurs im Kasten ist. Für uns bedeutete das: immer wieder auf den Müllberg klettern, die Raben oben platzieren, ihnen gut zureden, dann wieder aus dem Bild verschwinden. Wenn wir abends ins Hotel kamen, waren wir nicht nur todmüde, sondern wurden von den anderen Gästen mit gerümpfter Nase angestarrt. Das kann ich ihnen nicht verdenken, denn wir stanken unsäglich und sahen auch entsprechend aus. Nie habe ich mich über eine heiße Wanne mehr gefreut als nach einem solchen Drehtag auf dem Müllberg.

Meine Raben machten ihre Sache ausgezeichnet – trotz ihres so kurzfristig völlig veränderten Reviers. Auch die Flüge, die Rabe Krypton, der schon erfahren ist und den ich schon ein paar Jahre lang trainiere, direkt vor dem Gesicht des Schauspielers Klaus J. Behrendt absolvierte, klappten sehr gut. Aufgrund seiner Fähigkeit, ganz präzise Flüge zu machen, wurde er vom Team der Sendung „Akte", die auf *Sat.1* läuft, einmal als „Krypton, der Superrabe" bezeichnet. Raben sind eben ganz besonders kluge Tiere. Ich bin gespannt, welche Herausforderungen noch auf sie warten.

Schweinedame Penelope

Haben Sie schon einmal ein ausgewachsenes Hausschwein gesehen? Wahrscheinlich nicht, denn bevor ein Schwein richtig erwachsen wird, wandert es normalerweise in den Kochtopf. Bei mir nicht, denn ich bin Vegetarierin. Sie können sicher verstehen, dass ich, die ich von morgens bis abends mit Tieren zusammen bin, sie mit der Flasche großziehe, ihre Kinder zur Welt bringe und sie bis ins Rentenalter begleite, mir abends kein Steak in die Pfanne haue. Schweine sind ein gutes Beispiel dafür, wie schade es ist, wenn wir in einem Tier nur den Fleischlieferanten sehen. Sie sind nämlich wundervolle Tiere, intelligent, voller Emotionen und mit einem starken Charakter. Wenn ich überhaupt einen Unterschied zwischen all meinen Tieren machen würde, kämen Schweine gleich nach den Bonnyhunden auf der Liste meiner Lieblinge.

Ich besitze drei Hausschweine, eines davon, Penelope, eine alte, ehrwürdige Dame, ist längst im Ruhestand. Mit 17 Jahren ist sie Deutschlands ältestes Hausschwein. Im Jahr 1990, wir waren gerade in Neupotz eingezogen, ging ich zu einem Schweinezüchter und fragte nach einem ganz jungen Ferkel, weil ich es selbst mit der Flasche großziehen wollte. Der Bauer, der die Ferkel nach Lebendgewicht berechnete, wollte mir aber partout kein kleines geben, sondern eines, das schon größer und schwerer war. Als ich das endlich begriffen hatte, sagte ich: „Gib mir das jüngste Ferkel, das du hast, und ich bezahle für ein sechswöchiges." Da schlug er ein und dachte sicher im Stillen, dass er noch nie zuvor einer solch Verrückten ein Schwein verkauft hatte.

Allerdings mussten wir für Penelope nach den ersten Jahren eine andere Unterkunft suchen, weil einer unserer Nachbarn darauf bestand, dass sie stinken würde – während ihn der Schweinemastbetrieb auf der anderen Straßenseite kein bisschen störte. Um die Spannungen zu lösen, suchte ich also für Penelope einen Platz zum Leben und wurde schließlich in einem Nachbarort fündig, und zwar bei zwei älteren Bauersleuten, die ihren Hof aufgegeben hatten. Dort legten wir vier ehemalige Schweineboxen zu einer großen zusammen. Nachdem ich dem Bauern erklärt hatte, dass meine Penelope ein Filmschwein war und nicht grob angefasst werden durfte, hatte sie es dort wunderschön. Ich besuchte sie täglich, und so hatten wir eine Lösung auf Zeit gefunden.

Als wir Penelope nach dem Erwerb des Hofes zu uns holten, raste sie voller Begeisterung über die ehemalige Pferdekoppel, wackelte mit dem Hintern und konnte sich vor Freude gar nicht beruhigen. Nicht so gut war es, als uns der Bauer, der auf den Feldern neben unserem Gelände gerade neue Pflanzungen unter großen Bahnen Plastikfolie angelegt hatte, darauf aufmerksam machte, dass Penelope sich gerade sein Junggemüse schmecken ließ! Da hatte die alte Sau mir nichts, dir nichts den Holzzaun der Koppel beiseite gedrückt und sich auf einen Erkundungsgang gemacht!

Einmal wurde Penelope schwer krank, sie brach auf der Koppel zusammen. Daraufhin rief ich, zum ersten Mal seit ich in Minfeld wohnte, den Großtierarzt. Als der kam, meldete er sich gar nicht erst bei mir an, sondern ging direkt durch den Hof zu Penelope auf die Koppel und gab ihr einen Stromschlag. Ihr Geschrei hörte ich bis ins Haus. So kam es, dass meine erste Begegnung mit dem Großtierarzt aus der Gegend ziemlich lautstark ablief. Ich machte ihm unmissverständlich klar, dass er sich so nicht aufführen konnte. Sein Gesicht hätten Sie sehen sollen, als ich ihm erklärte, dass Penelope keine gewöhnliche Sau ist, sondern ein berühmtes Filmschwein. Das Ende unserer Diskussion war, dass ich ihn wegschickte. In Deutschland kennt sich kaum ein Tierarzt besonders gut mit Schweinen aus, das ist zum Verzweifeln. Doch nach vielen Recherchen fand ich einen Professor an der Universität Gießen, der sich auf Schweinekrankheiten spezialisiert hat. Er hat mir damals sehr geholfen. Drei Tage nach unserem Zusammenstoß kam übrigens auch der Großtierarzt wieder und entschuldigte sich bei mir, seither arbeiten wir gut zusammen. Er weiß inzwischen genau, was bei uns abgeht und wie er meine Tiere anzupacken hat. Und zum Glück kam meine Schweinedame damals wieder auf die Hufe.

Eine sehr lustige Situation erlebte ich mit Penelope, als sie Dieter Bohlens Catering auffraß – natürlich mit dessen Einverständnis. Wir waren 2001 zu einer Sendung mit Stefan Raab eingeladen, bei der sich alles um das Schwein drehte, sogar ein Schweineprofessor war eingeladen. Es gab Häppchen für alle und ein besonderes Catering für Dieter Bohlen, der mit dem Hubschrauber eingeflogen wurde. Nach seinem gemeinsamen Auftritt mit Penelope fragte ich ihn, ob er mit uns beiden für ein Foto posieren würde, und er sagte Ja. Sein Bodyguard war aber nicht einverstanden, weil er Angst hatte, dass Penelope Dieter Bohlen womöglich den Arm abbeißen würde. Nach langen Verhandlungen erlaubte er doch noch ein Foto, aber ich musste mich zwischen das Schwein und Dieter Bohlen stellen. Als sich Dieter verabschiedete, sah ich, dass er sein Spezial-Catering gar nicht angerührt hatte. „Dieter", rief ich ihm nach, „kann Penelope deine Häppchen haben?" „Gib ihr alles", sagte er, lachte und verschwand. Da stellte ich das silberne Tablett mit den feinen Lachs- und Schinkenbrötchen, mit Erdbeeren und

Trauben vor Penelope hin und sie fraß alles mit einer solchen Hingabe auf, dass sich alle aus dem Studio vor ihr versammelten, um ihr völlig fasziniert beim Fressen zuzusehen.

Günther Jauch und die drei Ferkel

Vor vier Jahren wurde ich gefragt, ob ich für einen Maggi-TV-Werbespot zwei kleine Schweinchen trainieren könnte. Natürlich sagte ich Ja. Damit die jungen Tierchen sich nicht überanstrengen mussten, kauften wir gleich vier Ferkel, damit sie sich gegenseitig doubeln konnten. Ich trainierte die Schweinchen, die Werbefilmaufnahmen liefen fantastisch, alle waren zufrieden – allerdings hatte ich am Ende vier Schweine am Hals, ein Weibchen und drei Eber, die täglich größer wurden. Ich beschloss, das „Mädchen" zu behalten, weil Penelope bereits in die Jahre kam. Aber was sollte ich mit ihren drei Brüdern anfangen? Die waren so lieb und zahm, hörten auf ihre Namen wie Hunde – es war mir schlichtweg unmöglich, sie zum Schlachter zu bringen.

Also rief ich bei allen Zoos an, die mir einfielen, inklusive Streichelzoos, aber mir wurde immer wieder gesagt, wenn ich Hängebauchschweine oder sonst eine ausgefallene Rasse anzubieten hätte, würden sie sie gern nehmen. Für ganz normale Schlachtschweine hatte keiner Verwendung. Da fiel mir Günther Jauch ein. Der war genau der Richtige, um für die Schweinchen ein passendes Zuhause zu finden! Ich kannte ihn von einer Sendung für „*stern* TV", zu der ich eingeladen gewesen war, also schrieb ich ihm einen Brief. Zwei Tage später rief der Redakteur mich an. „Das wird die Story des Jahres", sagte er begeistert.

So wurde ich mit meinen Schweinchen, die inzwischen zu Läufern herangewachsen waren, eingeladen. Für die Rasselbande war im Studio ein Gatter mit Stroh und allem, was Schweine so brauchen, aufgebaut. Mitten in der Sendung zog ich Günther Jauch in das Gehege hinein, schick wie er war mit Anzug und Krawatte, und schloss das Gatter. Die Ferkel sprangen an ihm hoch, wollten mit ihm spielen, sabberten ihn überall voll und zerfetzten seine Krawatte. Das Publikum lachte Tränen und Günther Jauch machte wunderbar mit.

Am Ende waren die Schweinchen vermittelt: Eines ging an einen Fußballverein als Maskottchen, eines wurde ein Hochzeitsgeschenk und das dritte nahm ein Landrat, der schon eine Schweinedame hatte und gerade einen Gefährten für sie suchte. Unsere Bedingung war: Alle Schweine dürfen leben, bis sie eines natürlichen Todes sterben, und sie brauchen eine Koppel mit viel Platz, kurzum: Sie sollten es schweinisch gut haben. Ich habe jedes Schwein persönlich in sein neues Heim gebracht und mich davon überzeugt, dass dort alles in Ordnung war. Begleitet wurde ich dabei von *„stern* TV", dabei entstand wieder eine schöne Reportage. So fand ich für die drei kleinen Eber ein Zuhause. Das Weibchen, ich nannte es „Mushroom", blieb bei uns.

Kurze Zeit danach wählte mich die Zeitschrift „Für Sie" aufgrund meines großen Einsatzes für Tiere zu einer der 100 stärksten Frauen des Jahres 2003 – neben Frauen wie der Schauspielerin Katja Riemann und Elke Heidenreich. Ich war völlig überrascht. Gefreut hat es mich dennoch sehr! Für Maggi war die Aktion mit Günther Jauch ebenfalls von Vorteil, denn jedes Mal, wenn *„stern* TV" etwas über die Schweinchen brachte, wurde der besagte Werbespot gezeigt.

Mushroom wurde ein fantastisches Filmschwein. Mit ihr habe ich wunderschöne Sachen gedreht. Im Mai 2007, lief der Film „Herr Bello" im Kino, wo ohnehin eine Menge Tiere von mir mitgespielt haben. Mushroom lag auf einem Divan und musste den Kopf auf die Rückenlehne legen. Was ganz entspannt aussieht, ist für ein so großes Schwein ziemlich schwierig. Ein Hund kann das leicht hinkriegen, aber ein Schwein hat ja gar keinen Hals. Aber Mushroom hat das ganz toll gemacht.

Vor allem an Neujahr sind Schweine gefragt, so auch im vergangenen Jahr, als eine Anfrage vom *SWR* kam. Ob wir ein richtig großes Schwein hätten, fragten die am Telefon. „Ja", sagte ich, „mein Schwein ist ziemlich groß."

Also stand ein Ausflug in die Stadt an. Dazu ist zu sagen, dass Mushroom ganz verschiedene Seiten hat. Zu Hause verhält sie sich, wie sich Säue nun mal verhalten, sie hat ihr Suhlloch und wühlt im Dreck. Wenn aber ein Auftritt bevorsteht, kann sie sich benehmen wie eine Dame. Ich wasche sie vorher sorgfältig mit Shampoo, dann ist ihre Haut glatt und rosig und ihre Borsten glänzen – das sieht richtig schön aus. Und mit ihrer Schnute und den langen Wimpern um die Äuglein erobert sie alle Herzen im Sturm.

So fuhren wir also nach Stuttgart, und als wir Mushroom vor Ort ausluden, rissen alle die Augen auf. „Waaaaas? Soooooo groß ist das Schwein?!" Mushrooms Aufgabe bestand in diesem Fall darin, auf einem Podest zwischen zwei Schornsteinfegern zu sitzen. Vorher musste sie aber zwei Treppen mit je zehn Stufen bewältigen. Das ist für ein so großes Schwein ziemlich schwierig und darum hatte ich darum gebeten, dass eine Rampe für sie vorbereitet würde. Als wir mit dem Dreh anfingen, kletterte Mushroom aber mir nichts, dir nichts die Treppen ganz ohne Hilfe hoch. Die Techniker waren zwar ein bisschen sauer, dass sie die Rampe umsonst gebaut hatten, aber ich habe gelernt, dass es besser ist vorzusorgen. Es hätte auch sein können, dass mein Halbzentnerschwein dagestanden hätte und die Treppen nicht hochgekommen wäre, dann wäre das Theater groß gewesen. Außerdem hatte ich Sorge, dass Mushroom sich beim Hinuntergehen der Treppen womöglich ein Bein brechen könnte. Aber sie meisterte auch das problemlos, ich war ja so stolz auf sie. Übrigens habe ich für Mushroom ein Geschirr wie für einen Hund anfertigen lassen, damit ich sie führen kann.

Einmal drehten wir mit Dieter Wedel für den *ZDF*-Zweiteiler „Papa und Mama". Von Wedel erzählt man sich ja so Geschichten, und als wir uns kennenlernten, fragte ich ihn ganz direkt: „Sagen Sie mal, Herr Wedel, stimmt das eigentlich, dass sie so streng mit den Menschen sind, die mit Ihnen arbeiten?" Da lachte er. „Ja", sagte er, „mit Menschen bin ich streng. Aber zu Tieren bin ich ganz lieb!" Und wirklich, mit Mushroom war er extrem geduldig. Während der Drehpausen kam er sogar immer wieder zu ihrem Gatter und schmuste mit ihr. Ich beobachte oft, dass Tiere die Gabe haben, Spannungen aufzulösen oder das Eis zu brechen, Menschen wieder auf ein Normalmaß herunterzubringen. Vielleicht liegt es daran, dass sie so ehrlich sind, so ganz sie selbst. Damit erinnern sie uns Menschen daran, worauf es eigentlich ankommt. Nämlich dass man mit Respekt und Liebe miteinander umgeht – denn dann wird alles viel leichter.

Schwein gehabt

Mein drittes Schwein, Lemonie Croquet, kam 2005 zu uns. Wieder einmal war ein Ferkel gefragt, und zwar für das Cover eines Kochbuchs von Dirk Bach. Wohlgemerkt: für ein Kochbuch mit vegetarischen Rezepten – nach dem Motto „Mein Schnitzel hat Schwein gehabt". Mushroom war damals schon zu groß, als dass man sie auf den Arm hätte nehmen können, so holte ich Lemonie zu uns. Auch sie kam aus einem Mastbetrieb und ich musste viel Vertrauensarbeit leisten, damit sie ihre Angst vor allem und jedem verlor. Ein solches Ferkel wächst im Dunkeln auf, es hat noch keine Sonne gesehen, keinen Himmel oder Wolken und es hat kein Gras unter den Hufen gespürt. Als Erstes zeigte ich ihr daher einmal die Welt. Schnell lernte sie, was Erde ist und wie es sich anfühlt, wenn man mit der Schnauze darin wühlt. Sie glauben nicht, wie rasch Lemonie aufblühte! Und als sie endlich auch ihre Angst vor Menschen verloren hatte, fuhren wir zusammen zum Shooting mit Dirk Bach. Der ist ein unglaublich liebenswürdiger Mensch und die Arbeit mit ihm hat enorm Spaß gemacht.

Mein Wildschwein Chestnut

Ebenfalls vor zwei Jahren fand ein Wildhüter sechs kleine mutterlose Wildschweinfrischlinge im Wald. Was mit der Mutter geschehen war, konnte man nicht herausfinden, vermutlich war sie als gutes Wildbret auf einem Tisch gelandet. Auch hier wandte sich der Finder an mich und fragte, ob ich die Kleinen aufziehen wollte. Die Frischlinge waren schon so ausgetrocknet, dass drei von ihnen nicht überlebten. Die übrigen drei waren zwei Eberchen und ein Mädchen. Ich entschloss mich, das Weibchen zu behalten und nannte es Chestnut. Darauf achte ich immer: Bei den Schweinen ist es besser, eine reine Mädchenpopulation zu bewahren, damit es nicht zu Keilereien auf meinem Hof kommt. Chestnuts Brüder vermittelte ich an einen Streichelzoo.

Fast gleichzeitig mit Chestnut kam mein erstes Reh Prinzessin Fantaghiro zu uns, und wenn ich die beiden miteinander herumtollen sah, ging mir das Herz auf. Schon bald kam das Angebot für den Film „7 Zwerge – Der Wald ist nicht genug", von dem ich schon erzählt habe, und ich fuhr zur Regiebesprechung nach Hamburg. Allerlei Tiere wurden gebraucht, aber eigentlich kein Reh und auch kein Wildschwein. Während der Besprechung überredete ich den Regisseur Sven Unterwald aber, doch auch für Fantaghiro und Chestnut eine Rolle einzubauen, was er tatsächlich tat. Und so haben die beiden, jung wie sie waren, doch schon mit Otto Waalkes gedreht. Seither haben die beiden regelmäßig schöne Aufträge. Eigentlich sind sie fast immer dabei, wenn eine Szene im Wald spielt, und bei Märchenverfilmungen sowieso. Leider muss Chestnut jedoch sehr häufig das überfahrene Wildschwein geben, weswegen ich sie genau auf diese Rolle hin trainiere. Auf das Kommando „Mach tot" legt sich Chestnut hin und bleibt mittlerweile schon bis zu 40 Sekunden unbeweglich liegen. Keine kleine Leistung für so ein Tier.

Eine Ziege mit Charakter

Ziege Sarah ist eine der ältesten Bewohnerinnen auf dem Hof, sie kam nur wenig später als die Hausschweindame Penelope zu uns. Sie ist 16 Jahre alt und in dem Gehege, das sie mit den Hausschweinen, dem Wildschwein und dem Reh Fantaghiro teilt, die unangefochtene Chefin. Obwohl sie eher klein ist, wird sie von den viel größeren und stärkeren Schweinen respektiert. Wenn Sarah nicht will, dass Mushroom, Lemonie, Penelope und das Wildschwein Chestnut etwas zu fressen kriegen, dann bekommen sie auch nichts. Zuerst schlägt sich Sarah den Bauch voll, die anderen dürfen fressen, was übrig bleibt. Alle, die auf den Hof kommen, fragen, ob Sarah womöglich schwanger sei. „Von wem denn?", frage ich dann zurück, denn wir haben gar keinen Ziegenbock auf der Farm. Nein, Sarah ist so dick, weil sie so verfressen ist. Neuerdings muss ich sogar zu strengen Mittel greifen: Wenn es ans Füttern geht, binde ich Sarah an und gebe erst den Schweinen zu fressen, danach bekommt Sarah ihren Teil.

Eine besondere Verbindung hat sie zu Schweinen. Solange sie bei uns ist, hat Sarah noch nie auf dem Boden geschlafen. Sie wartet, bis Penelope liegt, dann legt sie sich auf sie. Und Penelope ist zufrieden, denn sie wird von oben schön gewärmt.

Und wenn Sarah auf das Dach des kleinen Häuschens, das auf der Koppel steht, klettern will, dann wartet sie, bis eines der Schweine in der Nähe steht und springt zuerst auf dessen Rücken und von dort aufs Dach.

Einmal bekamen wir einen Werbeauftrag für Sarah. Sie sollte für Fotos auf einer Wiese mit den Werkzeugen von Stihl posieren. Doch sie wollte partout nicht stillstehen. Endlich fanden wir ein Mittel: Mike gab ihr ein Zigarettenpapierchen und das knusperte sie genüsslich in sich hinein. Solange sie darauf kaute, blieb sie an einem Fleck stehen – so konnte der Fotograf ein paar gute Aufnahmen machen.

Sarah ist eine echte Charakterziege. Als Billy, der heute sein Rentenalter bei uns verlebt, noch jung und agil war, da liebte er es, die Ziege zu ärgern. Bis sie sich einmal gründlich rächte. Wir waren gerade beim Spazierengehen und Billy schnüffelte selbstvergessen an einem Strauch, als ihm Sarah von hinten einen mächtigen Stoß mit den Hörnern gab, sodass der Zwergpudel nur so durch die Luft flog. Diese Lektion zeigte Wirkung. Von da an behandelte Billy die Ziege mit größtem Respekt.

Sarah war auch dabei, als wir früher von Neupotz aus jeden Abend im Sommer mit der damaligen Tierbelegschaft zum Schwimmen an den nahen Baggersee gingen. Das war ein Fußmarsch von einer guten Viertelstunde und der tat uns allen gut. Sicherlich sahen wir aus wie ein kleiner Zirkus: Penelope, das Hausschwein, Sarah, die Ziege, eine Gans und acht Hunde. Diesen Ausflug genossen alle Tiere sehr. Penelope suhlte sich begeistert im Sand und ging dann mit mir ins Wasser. Dieses Riesenschwein mit 300 Kilogramm Lebendgewicht schwamm wie ein Weltmeister – und auf einmal tauchte sie richtig tief unter. Als ich das zum ersten Mal sah, war ich sehr erschrocken. Ein Schwein, das tauchen kann? Ist das normal? Zu Hause rief ich ein paar Tierärzte an und fand so heraus, dass Hausschweine mit Nilpferden verwandt sind und sich im nassen Element extrem wohlfühlen. Von da an legte ich mich im Wasser auf Penelope und ließ mich von ihr auf den See hinaustragen, bis sie irgendwann untertauchte und eine Weile später wieder herausgeschossen kam. Das war ein Spaß!

Mit den Hunden hatte ich ein anderes Spiel: Ich ließ alle acht am Ufer Platz machen und schwamm hinaus auf den See. Dort tat ich so, als würde ich ertrinken. Sofort sprangen die Hunde ins Wasser und schwammen um die Wette zu mir, jeder Einzelne wollte mich retten. Ich hielt mich an ihrem Fell fest und sie zogen mich wieder ans Ufer.

Wie schon erwähnt war auch Sarah dabei, ging aber nie ins Wasser. Immer blieb sie meckernd am Ufer stehen, als wollte sie uns unartigen Kinder zur Ordnung rufen. Ins Wasser zu kommen, das fiel ihr nicht ein. Da dachte ich: Na warte! Eines Abends schwamm ich mit dem Schwein, den Hunden und der Gans immer weiter und weiter vom Ufer weg und machte keinerlei Anstalten umzukehren. Sarahs Meckern wurde immer dringlicher und ängstlicher. Irgendwann, als sie davon überzeugt war, dass wir sie dort am Ufer zurücklassen und nie mehr zurückkommen würden, stieg auch sie ins Wasser und schwamm uns eilig hinterher. Das sah sehr lustig aus, denn Ziegen haben einen Blähbauch, sodass Sarah wie ein schwimmendes Fass wirkte.

Eigentlich können alle Tiere schwimmen, sogar Rehe, wie ich neulich feststellte. Der Drehort für eine Szene mit Fantaghiro lag in einem zauberhaften Wald genau zwischen zwei kleinen Teichen. Sie waren vollkommen mit Wasserlinsen zugewachsen, sodass man auf den ersten Blick glaubte, es seien zwei saftige Wiesen. Auch Fantaghiro dachte das offenbar und wollte rasch über eine dieser „Wiesen" springen – und landete kopfüber im Wasser. Mike wollte schon hinterherspringen, um Fantaghiro zu retten, weil wir nicht wussten, ob ein Reh überhaupt schwimmen kann. Aber das war nicht nötig. Sie tauchte

wieder auf und schwamm, als hätte sie nie etwas anderes getan. Wie ein Hund drehte sie eine kleine Runde und kletterte
wieder heraus – über und über mit Wasserlinsen bedeckt. Sie
schüttelte sich und war bereit für neue Abenteuer.

Ein ganzes Rudel Katzen

Eine Schauspielerin, die besonders respektvoll mit Tieren
umgeht, ist Marianne Sägebrecht. Sie lebt selbst mit Katzen
und so passte es ausgezeichnet, dass sie in dem Kinofilm „Lorenz im Land der Lügner" die Rolle der Tante Martha spielt, die
36 Katzen hat. In diesem Film war alles „verkehrt": Die Katzen bellten, die Hunde miauten und so weiter. Wir drehten in
einer alten Mühle im Wald. Und da Katzen, ähnlich wie die
Raben, stark auf ihr Revier bezogen sind, fuhren wir bereits
zwei Wochen, bevor das Filmteam eintreffen sollte, dorthin, um
die Tiere einzugewöhnen.

Als das Team anreiste, machten gleich am ersten Tag fünf
Mitarbeiter schlapp – wegen Katzenallergie. Man muss sich das
vorstellen, 36 Katzen waren in einem Raum, das bringt einen
Allergiker glatt um. Diese fünf Menschen wussten bis dahin
nicht einmal, dass sie auf Katzenhaare allergisch reagieren.
Marianne Sägebrecht aber war in ihrem Element. Sie achtete
streng darauf, dass die Katzen von allen am Set gut behandelt
wurden. Schob ein Techniker eine von ihnen mal mit dem Fuß
beiseite, bekam er sofort einen Rüffel. Sie machte von jeder einzelnen Katze eine Portraitaufnahme, und als wir wieder zu
Hause waren, bekam ich einen dicken Brief von ihr mit Abzü-
gen davon. Eine solche Tierverbundenheit findet man selten bei
Schauspielern und so sind Marianne und ich bis heute gute
Freunde.

Katzen zu trainieren ist eine der größten Herausforderungen in meinem Metier, denn sie sind extrem individuell und

unabhängig. Wer mit ihnen arbeiten will, braucht Nerven aus Stahl. Eigentlich lassen sie sich gar nicht dressieren, bei Katzen funktioniert alles über Prägung und Konditionierung. Im Grunde ist es so, dass meine Katzen mir „den Gefallen tun", anders kann man das nicht beschreiben. Sie sind sehr anspruchsvoll und bei Dreharbeiten kann es schon einmal vorkommen, dass eine die Arbeit verweigert, weil ihr das Buffet nicht zusagt. Ich setze bei Katzen oft den Klicker ein, sie gewöhnen sich schnell daran, dass dieses Geräusch die positive Bestätigung bedeutet. Einige Tiertrainer lassen Katzen hungern, damit sie parieren. Dieses Vorgehen lehne ich kategorisch ab. Es ist sogar schon vorgekommen, dass Tiere dabei verhungert sind. Ich finde, Leute, die so etwas tun, sollten angezeigt und schwer bestraft werden.

Auf meinem Hof leben seit Jahren immer etwa 30 Katzen. So viele benötige ich auch, denn jeweils fünf Tiere müssen einander bei einem Einsatz doubeln. So besitze ich fünf schwarze, fünf weiße, fünf rote und fünf getigerte Katzen. Eine aus jeder Gruppe ist eine „Knuddelkatze", die um Beine streicht und nach Art der Hauskatzen auf dem Sofa liegt. Eine andere ist jeweils die „Fauchkatze", sie wird hauptsächlich auf eindrucksvolles Fauchen trainiert. Dann gibt es die „Sprungkatzen" und die „Laufkatzen", die lernen, präzise von einem Ort zum anderen zu laufen, und schließlich die „Stuntkatzen", die für Wurf- und Fallszenen herangezogen werden.

Zu beachten ist, dass Katzen sehr empfindlich gegen Lärm und laute Stimmen sind. Während der Dreharbeiten zu „7 Zwerge" musste ich Nina Hagen darum bitten, ihre gewaltige Stimme ein bisschen zu dämpfen, weil meine Katzen ziemlich verstört darauf reagierten. Dass meine Maine-Coon-Katze Bubblegum in „Tosca" stillhält, während ihn der Bassbariton in die Höhe hält und ansingt, grenzt an ein Wunder. Eine Katze muss sich ausgesprochen sicher fühlen und sehr ausgeglichen sein, wenn sie das akzeptiert. Man muss mit ihr üben, üben, üben.

In dem Film „Lorenz im Land der Lügner" gibt es eine wunderschöne Szene, in der die vielen Katzen auf einem Schrank sitzen, während ein animierter Kater auf einem Lüster hin und her schwingt. Als wir die Szene drehten, hing natürlich nichts am Lüster, das Tier wurde später in der Postproduktion einmontiert. Der Regisseur Jürgen Brauer wollte aber gern, dass die Katzen auf dem Schrank dem Lüster mit den Augen folgen, hin und her und hin und her, etwa wie beim Tennis. Wie aber sollte ich das bewerkstelligen? Eine Abwandlung des Trainings mit dem Treat-Stick brachte die Lösung: Ich steckte eines der leckeren Würstchen, die meine Katzen nur bei besonderen Gelegenheiten zur Belohnung erhalten, an eine Angel und schwenkte diese langsam – in dem Tempo wie später der Lüster schwang. Und siehe da, alle Katzen rissen gierig die Äuglein auf und folgten dem Würstchen mit dem Blick. Diese Szene machte mich in der Branche regelrecht berühmt, noch heute sprechen Filmleute mich darauf an.

Ähnlich gut lief es für meine Katze La Raya. Der *SWR* strahlt fünfmal pro Woche die Live-Sendung „ARD Buffet" aus. An jeweils einem Tag spielt die schwarze Studiokatze Tinka darin eine wichtige Rolle. In Wirklichkeit heißt Tinka La Raya und gehört zu meiner Familie. La Raya war gerade drei Wochen alt, da hatte sie bereits einen Einjahresvertrag in der Tasche! La Raya bewegt sich im Studio, als ob sie dort zu Hause wäre. Begleitet wird sie immer von ihren Eltern, Katze La Risha und Kater Madison, wie sie pechschwarz, damit wir über Doubles verfügen, wenn es nötig sein sollte. Übrigens haben wir vor Kurzem eine Art Katzentraining für die vier Moderatoren abgehalten, die sich bei der Sendung abwechseln. Denn am schönsten ist es für die Zuschauer ja, wenn sich Mensch und Tier völlig natürlich im Umgang miteinander verhalten.

Mit 1.000 Ratten auf Du und Du

Eines Tages bekam ich einen seltsamen Anruf. Ohne sich vorzustellen, fragte jemand: „Trainieren Sie auch Ratten?" Ich antwortete spontan: „Ja." Da wurde auch schon wieder aufgelegt. Ich wunderte mich ein bisschen und vergaß die ganze Sache. Drei Monate später erhielt ich von einer großen Filmproduktionsfirma die Anfrage, ob ich in der Lage wäre, 1.000 Ratten für einen Thriller vorzubereiten. Da musste ich doch ein bisschen schlucken. 1.000! Ich wusste genau, was das bedeutet, schließlich lebte ich jahrelang mit einigen Ratten zusammen. Aber was sind zehn gegen 1.000? So viele Ratten hatte vorher noch nie jemand trainiert. Ich fragte mich: Packst du das, Tatjana?

Letztendlich nahm ich den Auftrag an – und bin heute sehr froh darüber. Nicht nur, weil mir dieser Auftrag auch den Ruf als Nagetierexpertin eingebracht hat, sondern weil ich ganz persönlich diese Erfahrung nicht missen möchte. Denn ich musste das Verhalten dieser Tiere ganz genau studieren. Um so viele Ratten auf den Film vorzubereiten, haben mein Freund und ich ein halbes Jahr lang ausschließlich mit diesen Tieren gelebt. Und ich kann nur sagen: Ratten sind faszinierend und unglaublich intelligent.

Die Anforderungen für den Film waren sehr komplex. Die Special-Effect-Ratten trainierte ich gesondert. Dann musste es „liebe Ratten" geben, die sich streicheln und in die Hand nehmen ließen. Gebraucht wurde außerdem eine Gruppe von „aggressiven Ratten", wobei ihr Verhalten nur aggressiv aussah. Der Trick dabei: Ich klebte den Schauspielern kleine Käsestücke unter die Kleidung, dann rissen und zogen die Ratten so sehr an ihnen, dass es richtig gefährlich aussah. Wir benötigten „Wasserratten", die an das nasse Element gewöhnt wurden und nichts dagegen hatten, in eine Badewanne zu springen. Das stellte ich mir zunächst ganz einfach vor, bis ich herausfand, dass gezüchtete Ratten gar nicht schwimmen können. Als ich sie vorsichtig das erste Mal ins rund 20 Zentimeter tiefe Wasser ließ, da tauchten sie unter und blieben am Grund der Wanne. Rasch retteten wir die Tiere – und dann musste ich jeder einzelnen aus der Gruppe von 30 Spezial-Wasserratten das Schwimmen beibringen!

Kopfzerbrechen bereiteten mir eine Weile die „Springratten", denn Ratten springen eigentlich nicht. Schon gar nicht auf einen Tisch, das schaffen sie rein anatomisch nicht. Endlich kam ich auf die Lösung: Ich besorgte mir Eichhörnchen in derselben Farbe wie die Ratten, rasierte ihnen den Schwanz, und schon hatte ich die perfekten „Springratten". Die Eichhörnchen wurden nur für die kurzen Springszenen eingesetzt, beim Schneiden folgten dann sofort wieder die „richtigen" Ratten. Und keine Sorge: Die Wuschelschwänze wuchsen schnell wieder nach.

Von diesen Spezialratten gab es jeweils 30, damit wir immer wechseln konnten, wenn die Tiere müde wurden. Blieben die anderen 900, die „bildfüllenden Ratten". Die mussten „nur" auf meinen Befehl geschlossen von A nach B laufen. Aber auch das ist nicht so einfach. Haben Sie schon einmal 900 Ratten auf einem Haufen gesehen? Glauben Sie mir, das sind eine ganze Menge Tiere.

In diesem halben Jahr studierte ich das Sozialverhalten der Nager. Dazu beobachtete ich sie ganz geduldig. Ich stellte fest, dass immer je 30 Tiere einer Oberratte folgten. Also hielt ich mich an diese. Nach einer Weile merkte ich, dass die 30 Oberratten wiederum eine Anführerin hatten, die nannte ich die „Rattenkönigin". Von da an ging alles sehr viel einfacher. Mit viel Geduld und Fingerspitzengefühl gelang es mir, die Rattenkönigin auf mich zu prägen. Es war eher ein Kooperieren mit viel Respekt, denn eine Ratte, der 900 ihrer Art folgen, ist natürlich schon etwas Besonderes. Aber diese Strategie war genau

richtig, denn am Ende folgten alle Ratten mir und der Rattenkönigin. Sie musste ich aber auch respektieren. Manchmal
fauchte sie mich an und gab mir damit zu verstehen, dass sie
nicht wollte, dass ich ihre „Mädels" anfasste. Dann akzeptierte
ich das und zog mich zurück. Auf keinen Fall durfte ich es mir
mit der Rattenkönigin verscherzen, denn beim Drehen brauchte ich ihre Unterstützung. Hätte sie vor Ort beschlossen, nicht
mitzuspielen, wäre alle Arbeit umsonst gewesen. Übrigens
sind die Rattenmännchen ziemlich schwerfällig und faul, sie
setzte ich bei den ruhigeren Filmszenen ein. Die Mädchen dagegen sind sehr wendig und agil und meisterten die schnellen
Szenen perfekt.

Der erste Teil des Thrillers „Ratten – Sie werden dich kriegen" von dem Regisseur Jörg Lühdorff wurde in Tschechien gedreht. Also wurden alle 1.000 Tiere in ihren Käfigen auf einen
Transporter verladen. Vorher untersuchte aber noch der deutsche Amtsarzt jedes Einzelne. Als wir zur tschechischen Grenze kamen, staunten die Zöllner nicht schlecht über unsere La-
dung. Warum führt man 1.000 Ratten nach Tschechien ein?
Doch nicht etwa, um sie dort zu verkaufen? Die Zöllner ließen
uns warten und verstanden auf einmal auch kein Deutsch
mehr, von Englisch oder diversen anderen Sprachen ganz zu
schweigen. 1.000 Ratten schien ihnen eine sehr gefährliche
Fracht zu sein. Schließlich musste aus Prag ein Übersetzer
kommen, was uns natürlich Stunden aufhielt. Er erklärte den
Zöllnern, was wir auch schon zu vermitteln versucht hatten:
Die Ratten würden bei einem Film mitspielen und nach den
Dreharbeiten vollständig wieder ausreisen. Endlich konnte es
weitergehen.

In Prag gab es dann weitere Hürden. Das Schreiben des
deutschen Amtsarztes besaß dort so gut wie kein Gewicht. Ein
neues Gutachten musste her. Also wurden alle Ratten von einem tschechischen Tierarzt erneut untersucht. Solche Vor-

kommnisse sind wir gewöhnt, vor allem die Formalitäten. Wenn man zum Beispiel mit Tieren, die normalerweise zum Schlachten gezüchtet werden – wie Schweine, Kühe oder Hühner –, innerhalb Deutschlands reist, braucht man spezielle Untersuchungen, Impfungen und Transportgenehmigungen. Die Behörden interessiert es nicht, dass unsere Tiere ja nicht gegessen werden, sondern dass sie Filmstars sind. Für sie ist das kein Unterschied, Schwein bleibt Schwein und Kuh bleibt Kuh. Und in diesem Fall: Ratte bleibt Ratte. Sicher wurden keine anderen Ratten jemals so gründlich und wiederholt untersucht wie meine.

Doch dann konnte die Arbeit losgehen. Damit die Tiere mich überhaupt akzeptierten, musste ich mich mit ihrem Kot einreiben und immer dieselbe Kleidung tragen, denn die Identifizierung geht bei diesen Tieren über den individuellen Geruch. Auch die Schauspieler mussten sich an diese Regel halten und während der gesamten Dreharbeiten wurden die Unterhemden nicht gewechselt. Wir stanken alle vor uns hin, aber am Ende gewöhnt man sich daran ...

Tagelang quälte ich die Leute von der Technik, weil ich darauf bestand, dass das Set absolut rattendicht gebaut sein musste, ehe ich die Käfige öffnete. Immer wieder fand ich winzige Ritzen und Spalten, durch die sich eine Ratte ganz einfach hätte hindurchzwängen können. Ich glaube, die Techniker hassten mich dafür, aber es war absolut nötig, wollte man nicht hinterher im ganzen Studio ausgebüxte Ratten einfangen. Bei diesen Dreharbeiten war vieles außergewöhnlich. So gab es für die Schauspieler, die mit den Ratten zu tun hatten, ein zwei Wochen langes Spezialtraining, das täglich vier Stunden dauerte. Dabei mussten sie den Umgang mit den Tieren lernen und sie an sich gewöhnen. Für den Hauptdarsteller Ralph Herforth waren die Massenszenen mit allen 1.000 Ratten am schwierigsten, ich bewundere ihn heute noch für seine Ruhe und Geduld.

In dem Film gibt es eine Szene, in der Ralph Herforth auf allen Vieren durch einen Tunnel kriechen muss, der voller Ratten ist. Die Tiere sind vor ihm, neben ihm, auf ihm – einfach überall. Um diese Szene zu drehen, musste er lernen, die Nerven zu behalten und sich ganz vorsichtig am Boden entlang nach vorn zu schieben, um ja keiner Ratte das Schwänzchen oder Pfötchen zu quetschen, denn dann hätten sie ihn tatsächlich gebissen.

Alles klappte wunderbar. Die Wasserratten sprangen ins Wasser, die „lieben Ratten" ließen sich in die Hand nehmen, die „aggressiven Ratten" gingen auf den Käse in den Kleidern los, die „Springratten" sprangen, dass es eine Freude war. Und die 900 „raumfüllenden Ratten" liefen auf das Kommando von mir und der Rattenkönigin dorthin, wo ich sie haben wollte. Alle haben ihre manchmal furchteinflößenden Rollen ganz wunderbar gespielt. In Wirklichkeit würden Ratten nämlich niemals Menschen angreifen.

Am Ende löste sich auch das Rätsel jenes allerersten geheimnisvollen Anrufs. Der Produzent wusste, dass viele Tiertrainer behaupten, Erfahrungen mit Ratten zu haben, nur um den Job zu bekommen, auch wenn das gar nicht stimmt. Und so beauftragte er seine Assistentin, jeden Einzelnen anzurufen und mit dieser Frage zu überfallen. Wäre nur ein kurzes Zögern in meiner Stimme gewesen, ich hätte nie erfahren, wer mich da überhaupt angerufen hatte.

Der zweite Teil „Ratten 2 – sie kommen wieder" wurde, der günstigen Produktionskosten wegen, in Litauen gedreht. Mein Freund reiste mit den Ratten per Schiff von Hamburg aus über die Ostsee, ich flog mit dem Flugzeug hinterher. Als Mike mit den Tieren in Vilnius ankam, warteten bereits Heerscharen von Journalisten auf ihn. Im Film ging es nämlich um genmanipulierte Ratten und daher dachten alle, wir brächten ebensolche Tiere ins Land – die Aufregung war groß. Die Aufklärung dieses Missverständnisses überließen wir der Produktionsfirma, wir hatten ohnehin genug mit der Einfuhr der Ratten zu tun. Auch hier galt es wieder einen bürokratischen Hürdenlauf zu meistern, an dem eine Menge Leute verdienten. Aber am Ende zählt, dass alles gut funktioniert.

Die Dreharbeiten in Litauen werde ich nie vergessen. Es war bitterkalt – die Temperatur lag bei minus 20 Grad –, die Unterbringung war abenteuerlich und das Catering bestand aus trockenen Keksen, die wie Hundefutter aussahen. Jede Kleinigkeit, die wir für die Arbeit brauchten, stellte sich als Mangelware heraus. Als ich ein Stück Styropor benötigte, um für meine Springratten den harten Untergrund abzufedern, sah mich der Studioleiter an, als hätte ich ihn um pures Gold gebeten. Schließlich brachte er mir ein Stück und bat mich, es ihm hinterher persönlich zurückzugeben. Als ich eine Ecke davon abbrach, um es einzupassen, wo ich es brauchte, verlor er fast die Fassung.

Ebenfalls erschreckend waren für mich die sozialen Unterschiede. Die Leute von der litauischen Produktionsfirma etwa hatten seit drei Monaten keine Löhne bekommen. Die Armut, die ich auf den Straßen sah, war unbeschreiblich. Und gleich daneben gab es die prächtigsten Einkaufstempel mit Luxuswaren, die für Westpreise zu kriegen waren. Nur – wer konnte sich das leisten?

Entsprechend war der Umgang mit Tieren, die ja in vielen Ländern ganz unten im sozialen Gefüge stehen. Ich fand Hunde bei Minusgraden draußen an der Kette, die hatten nicht einmal ein bisschen Stroh in ihrer Hütte. Ich sah Rinder, die in „Matratzenhaltung" lebten, was heißt, dass frisches Stroh nur auf die alte Einlage samt Mist und allem anderen Dreck aufgelegt wird. Die Ställe werden zu Lebzeiten der Tiere nicht einmal ausgemistet. Mit den Jahren entsteht so eine zementharte, stinkende Schicht, die Tiere stehen in ihrem eigenen Unrat und leiden unter Wunden und Entzündungen. Erst wenn das Tier zum Schlachten abgeholt wird, säubert man den Stall, bevor die neuen Jungtiere kommen. Und dann geht das Ganze von vorn los.

Das schockierendste Erlebnis hatte ich bei diesen Dreharbeiten übrigens nicht mit den 1.000 Ratten, sondern mit meinem Rottweiler Colt, der ebenfalls eine kleine Rolle spielte. In der Geschichte wird eine Frau, die gerade badet, von Ratten, die plötzlich von der Decke in die Wanne fallen, getötet und brutal zerfleischt. Ihr Rottweiler sitzt währenddessen draußen vor dem Badezimmer, hört sie schreien, kann aber nicht helfen, weil die Tür verschlossen ist. Als Polizisten kommen und die Leiche finden, denken sie, dass der Rottweiler die Frau getötet hat, und erschießen ihn auf der Stelle.

Für diese Szene hatte mir der Produzent in den Vorgesprächen einen Dummy, das ist eine Hundepuppe, versprochen, der anstelle von Colt „erschossen" werden sollte. Als die Szene mit der Hundeerschießung immer näher rückte, fragte ich, wann denn der Dummy eintreffen würde. „Jaja", sagte der litauische Produzent, „du kriegst deinen Dummy schon", und grinste dabei sehr seltsam. Die Zeit verging, keine Puppe kam, dafür fotografierte der Produzent meinen Colt von allen Seiten. Auf mein Nachfragen hieß es, diese Fotos bräuchten sie, um die Puppe zu machen. Na gut, dachte ich, aber ich hatte ein komisches Gefühl dabei. Und dann erfuhr ich die Wahrheit. Die litauische Produktionsfirma wollte einen Rottweiler, der so aussah wie Colt, kaufen, und ihn am Set tatsächlich erschießen! Sofort ging ich zu dem deutschen Produzenten und stellte ihn zur Rede. „Wenn ihr das macht", sagte ich, „dann packe ich meine Ratten ein und reise auf der Stelle ab!"

Schließlich fanden wir eine Lösung, wie wir die Szene auch ohne Dummy drehen konnten. Ich brachte Colt bei, auf einer Glasplatte zu sitzen, unter der Räder montiert waren. Drum herum legte ich alles mit weichem Moltonstoff aus. Mit einem Seil ließ sich die gläserne Unterlage ruckartig unter Colts Hintern wegziehen, sodass er mit Karacho in die weichen Tücher fiel. Geschickt gefilmt sah das aus, als ob den Hund ein Schuss getroffen und gegen die Wand geworfen hätte. Der Regisseur hatte sein Bild und alle waren zufrieden.

Nie im Leben hätte ich zugelassen, dass man einen Hund erschießt, nur um ein Bild in einem Film zu bekommen. In Deutschland wäre das zum Glück nicht möglich, doch in vielen Ländern ist es mit dem Tierschutz nicht weit her. Solche Erlebnisse wie die in Litauen sind für mich wertvoll. Auf Auslandsreisen erhalte ich Einblicke in Gesellschaften, die mir sonst verschlossen bleiben würden. Trotz meines harten Standpunkts, als es um das Leben eines eigentlich unbeteiligten Rottweilers ging, habe ich heute noch Kontakt mit dem gesamten Team der beiden Rattenfilme – vielleicht sogar auch wegen meiner unverrückbaren Grundsätze. Acht Wochen waren Mike und ich für diesen Dreh in Litauen. Als wir auf unseren Hof zurückkehrten, um den sich mein Vater in der Zwischenzeit unter großem Einsatz gekümmert hatte, waren jedoch einige meiner Schützlinge, die doch im Vergleich zu den litauischen Verhältnissen im puren Luxus leben, richtiggehend eingeschnappt. Hündin Balou verweigerte demonstrativ die mitgebrachte Wurst und setzte sogar ein Häufchen auf mein Kopfpolster.

Das Sams und die Meerschweinchen

Sicher kennen Sie „Sams in Gefahr". Das ist ein wunderschöner Film über das Wünschen und Träumen. Ben Verbong hat ihn gedreht und Schauspieler wie Eva Mattes, Ulrich Noethen, Armin Rohde und Jasmin Tabatabai spielen mit. Mich allerdings brachte bei den Dreharbeiten eine Meute von 60 Meerschweinchen beinahe zum Verzweifeln. Eigentlich ging es um eine harmlose kleine Szene: 60 Meerschweinchen sitzen im

Pult des gemeinen Lehrers Fitzgerald Daume. Dominique Horwitz, der den Daume spielt, zieht die Schublade auf, die Meerschweinchen klettern aufs Pult und laufen zur vorderen Kante. Kann ja nicht so schwierig sein, oder?

Wie immer hatte ich meine Tiere gut vorbereitet und extra lange mit ihnen trainiert, denn Meerschweinchen sind tatsächlich ein bisschen schwer von Begriff. Vorn auf der Pultkante lag ihr Lieblingsfutter bereit, alles war perfekt. Dominique Horwitz zog die Schublade auf – und die Meerschweinchen verfielen in eine seltsame Starre. Wie verzaubert. Eingekugelt lagen sie regungslos in der Schublade wie sauber zusammengefaltete Sockenpaare. Was tun? Ich bat um absolute Stille im Studio und bereitete die Szene neu vor. Ich streute frisches Lieblingsfutter auf die Pultkante, Horwitz zog vorsichtig die Schublade auf – das gleiche Bild.

So ging das eine ganze Weile. Das Obermeerschwein hatte offenbar ein feines, für uns Menschen unhörbares Pfeifsignal ausgegeben, das wohl „sofort totes Meerschwein spielen" bedeutete. Das hatte ich vorher noch nie erlebt. Aber an jenem Morgen war es wohl der Meinung, es sei besser so. Wir machten eine Pause und ich kümmerte mich um die kleinen Tierchen. Beruhigte sie, ließ sie ausruhen. Dann ging es wieder ans Set. Schublade auf. Meine Meerschweinchen spielten eingerollte Socken.

Ich war fast am Verzweifeln und dachte schon, mir stünde das erste Mal bevor, dass ich sagen müsste: Es geht nicht. Doch plötzlich waren es die Viecher offenbar leid, langweilige Socken zu spielen. Oder sie hatten Hunger bekommen. Denn als Dominique Horwitz noch einmal die Schublade aufzog, wuselten alle 60 Meerschweinchen heraus und liefen schnurstracks zur vorderen Pultkante, wo sie sich ihre Leckerli schmecken ließen. Allen im Studio fiel ein Stein vom Herzen. Die Szene ist wunderschön geworden und am Ende ist es genau das, was zählt.

Von wegen Spatzenhirn

Es gibt noch andere Tiere, mit denen die Arbeit nicht gerade einfach ist, dazu gehören Vögel – schon allein deswegen, weil sie auf und davon fliegen können, wenn ihnen etwas nicht passt. Doch Vogel ist nicht gleich Vogel, von der Intelligenz der Kolkraben habe ich bereits erzählt. Aber wie sieht es mit ganz normalen Spatzen aus? Sie werden immer wieder in Filmen gebraucht. Der Zuschauer beachtet sie kaum, sie fliegen heran, picken ein paar Brosamen auf, schauen hübsch nach links und rechts, piepsen vielleicht noch – und das war's. Was ist schon dabei? Solche Bilder sieht man in einem sommerlichen Café häufig. Braucht man sie allerdings immer wieder ganz genau gleich für die Kamera, ist das ziemlich kompliziert. Zuletzt kam eine ähnliche Szene in der Literaturverfilmung „Ein fliehendes Pferd" nach der Novelle von Martin Walser vor. Eine wunderschöne Spatzenszene brauchte auch der Regisseur Dominik Graf für seinen Kinofilm „Das Gelübde".

Wie mit allen Vögeln muss man mit Spatzen frühzeitig ans Set kommen, um sie an die Gegebenheiten und ihr „Revier", in dem sie agieren müssen, zu gewöhnen. So klein diese Tierchen sind, so viel Vorbereitung ist für einen Dreh mit ihnen nötig, was unter Umständen recht aufwendig sein kann.

So kam ich bereits eine Woche, bevor die Spatzenszenen gedreht werden sollten, ans Set und hatte während dieser Zeit ausgiebig Gelegenheit zu sehen, wie Dominik Graf arbeitet. Und ich muss sagen, allzu locker nahm es dieser Regisseur nicht. Jeden Tag bekam eine andere Abteilung einen Rüffel und alle waren sehr gespannt, was passieren würde, kämen erst einmal „die Vögel" an die Reihe. Im Lauf der Jahre, die ich beim Film arbeite, habe ich mir eine eigene Art angewöhnt. Ist ein Mensch besonders schwierig, dann werde ich erst mal ganz ruhig. Und vor allem gehe ich normal mit ihm um. Denn je mehr Vorsicht man walten lässt, desto schlimmer wird es meist. Also schüttelte ich Dominik Graf die Hand und sagte: „Hallo, ich bin die Tatjana" – und dann ging es los.

Die Aufgabe war klar: Ein Spatz kommt angeflogen, setzt sich auf ein Fensterbrett und schaut ins Zimmer, in dem eine kranke Frau im Bett liegt. Dann flattert er hinein und landet auf einer Kommode. Ein Mann kommt ins Zimmer, geht zum Spatz, nimmt ihn in die Hand und küsst ihn vorsichtig. Schließlich lässt er ihn wieder los, das Vögelchen fliegt aus dem Fenster und davon. Für die Aufnahmen hatte ich diese Szene bereits in kleine Einheiten aufgelöst und vorbereitet. Den Menschen am Set, die mit Tieren keine Erfahrung hatten, kam es wie ein Wunder vor, wie ich mit den Spatzen arbeitete. Ich hatte natürlich wieder mehrere dabei, denn Vögel ermüden besonders schnell. So gab es zwei Spatzen, die nur darauf trainiert waren, auf dem Fensterbrett zu landen und in das Zimmer zu schauen. Zwei andere Spatzen hatten gelernt, vom Fensterbrett auf die Kommode zu fliegen. Und dann gab es noch einen „Handvogel", der sich anfassen ließ.

Beim Doubeln geht es vorrangig darum, die Tiere nicht zu sehr zu ermüden. Doch es hat noch einen anderen Effekt und das wissen vor allem die Regisseure zu schätzen: Die Szenen sind viel schneller im Kasten, denn wenn ein Tier nicht mehr konzentriert arbeiten kann, zaubere ich immer wieder ein ausgeruhtes hervor. So bin ich auch mit den Spatzen vorgegangen und alles lief wie am Schnürchen.

Sobald eine Tierszene gedreht werden soll, schlage ich dem Regisseur auch gleich die für die Tiere ideale Reihenfolge der Einzelszenen vor. Schließlich weiß ich, was die tierischen Darsteller am meisten ermüdet und in welchem Rhythmus sie sich wieder erholen. Eben das hat Dominik Graf schnell begriffen. „Ich übergebe dir jetzt die Regie für die Tierszenen, Tatjana", sagte er. „Du sagst an, in welcher Reihenfolge wir was machen." Wenn ich arbeite, bin ich hoch konzentriert und völlig auf mein Tier bezogen. Dennoch hörte ich mit halbem Ohr Dominik Graf voller Staunen sagen: „Diese Spatzen funktionieren ja wie ferngesteuert!" Am Ende waren wir die einzige Abteilung, die keinen Rüffel bekommen hatte. Ganz im Gegenteil: Die angespannte Atmosphäre hatte sich nach den Spatzenszenen gelöst und alle atmeten auf.

Ein seltsames Paar: Gans Sheila und Affe Charlie

Eines Tages rief eine mir bislang fremde Produktionsfirma an und fragte, ob ich eine zahme Gans hätte. „Klar", sagte ich, „Sheila. Wozu brauchen Sie sie denn?" Es stellte sich heraus, dass sie eine Gans als Filmpartnerin für Charlie, den Schimpansen, suchten. In einer Folge verliebt er sich nämlich in eine Gans, klaut einer Schauspielerin die Kette und hängt sie seiner Angebeteten um den langen, weißen Hals. Zwar wurde Charlie von einem amerikanischen Tiertrainer betreut und alle anderen Tiere waren in Berlin gecastet worden, doch fand sich in der ganzen Stadt keine einzige zahme Gans. „Hm", sagte ich. „Wie Sheila auf einen Schimpansen reagiert, kann ich nicht sagen. Sie hat noch nie in ihrem Leben einen Affen gesehen."

Also fuhren Sheila und ich nach Berlin. Zu meiner großen Freude machte der Affe keinen besonderen Eindruck auf meine Gans. Ich glaube fast, sie hat gar nicht bemerkt, dass es ein Schimpanse war, sondern sie hielt ihn in seinen Kleidchen vielleicht für einen kleinen Jungen. Jedenfalls war sie äußerst charmant und ließ sich problemlos die Kette um den Hals legen. Ich war mächtig stolz auf sie und das Filmteam regelrecht begeistert.

Es gibt nicht viele Tiertrainer, die mit Geflügel arbeiten, denn es ist nicht einfach, diese Tiere auf sich zu prägen. Ich mache das durch das sogenannte Imprinting. Ich kaufe niemals bereits geschlüpfte Tiere, sondern ich lasse sie in meiner Hand aus dem Ei kommen. Dann bin ich das Erste, was sie sehen, hören und fühlen. Ich rede sofort mit ihnen und füttere sie mit der Hand. Bei uns sind zudem viele andere Tiere, vor denen sich Vögel normalerweise fürchten, zum Beispiel Katzen und Hunde. Auch mit ihnen entsteht eine Bindung für das ganze Leben.

Sheila war übrigens schon einmal Operndiva. Werner Schroeter inszenierte in den 1990er-Jahren „Lady Macbeth von Mzensk" von Schostakowitsch an der Oper in Frankfurt. Das Bühnenbild war ganz in Schwarz gehalten, die Kostüme waren schwarz und Sheila kam in ihrem schneeweißen Federkleid fantastisch zur Geltung. Sie musste sich ziemlich lange auf der Bühne aufhalten, besser: sie durfte, denn die Gans wurde mit der Zeit eine solche „Rampensau", dass man sie fast nicht mehr von der Bühne bekam. Mike und ich standen, kostümiert wie der Opernchor, in der Kulisse und versuchten, sie mit Salatblättern von der Bühne zu locken. Wenn sie dann gar nicht kommen wollte, weil sie es so toll fand vor so viel Publikum, dann gingen wir mit raus, als gehörten wir zum Chor, und klemmten sie uns unter den Arm.

Schroeter war regelrecht verliebt in die schöne Sheila und auch das Publikum liebte sie. Sie wurde zum Maskottchen dieser Operninszenierung. Nur mit einigen Damen und Herren des Chors gab es Schwierigkeiten. Und zwar deshalb, weil die sich irgendwann auf den Bühnenboden legen mussten. Da blieb es leider nicht aus, dass sie hin und wieder mit Gänsekot in Berührung kamen. Dabei stinkt der gar nicht, sondern ist eigentlich nichts anderes als verdautes Gras. Aber nein, rund zehn Chorleute haben sich schlicht geweigert, sich hinzulegen, ohne zu wissen, wo die Hinterlassenschaften der Gans dieses Mal gelandet waren. Es kam sogar zu einer „Gänse"-Machtprobe, die zugunsten des Regisseurs und von Sheila ausging. Die zehn aufständischen Chormitglieder wurden gefeuert und stattdessen Chorsänger aus Italien engagiert – die gleich unterschreiben mussten, dass sie nichts dagegen hatten, sich auch notfalls in Gänsekot zu legen. Auch über solche Sachen wird gestritten, wenn ein Tier im Spiel ist.

Diese Arbeit für die Frankfurter Oper war sehr zeitintensiv. Wir haben rund 30 Probentage mitgemacht und die Gans musste auch bei den Abschlussproben dabei sein. Die Aufführungen liefen rund ein halbes Jahr, jeden Abend standen ich und Sheila, mit wachsender Begeisterung, auf der Bühne. Für mich ist das wunderbar, ich genieße die Vielseitigkeit meines Berufs. Jede Anfrage ist anders. Und da ich für Film, Fernsehen, Theater und mitunter auch für szenische Konzertaufführungen arbeite, kommen immer wieder neue Herausforderungen auf mich zu.

Alle meine Entchen

Wie viel Mühe und Arbeit nötig ist, um ein paar Enten auf einem See schwimmen zu lassen, davon macht sich der Zuschauer in der Regel ebenso wenig ein Bild wie bei den Spatzen. Naja, da schwimmen ein paar Enten vorbei, die werden da wohl gewesen sein, denkt man vielleicht. Ich für meinen Teil hasse es, mit Enten zu drehen. Das liegt nicht an den Tieren, die ich genauso liebe wie alle anderen. Mit Enten an Land habe ich auch kein Problem, sondern mit dem Wasser. Ich weiß ja nicht, warum das so ist, aber die Regisseure suchen zielsicher die trübsten, tiefsten und schlammigsten Gewässer aus. Und da muss ich dann hinein. Egal wie kalt es ist, egal wie schmutzig.

Meine Enten schwammen auch in dem schon erwähnten Film „Ein fliehendes Pferd", der 2006 gedreht wurde, über den Bodensee. Zu sehen waren zwei Exemplare der sogenannten Ringschnabelente. Diese Art ist vom Aussterben bedroht, denn sie wird wegen der Vogelgrippe kaum noch gezüchtet. Und obwohl der Züchter für ein Pärchen 800 Euro verlangte, bestand der Regisseur Rainer Kaufmann darauf. Bei der Gelegenheit musste ich auch noch aufpassen, dass einheimische Schwäne, die sich in ihrem angestammten Revier bedrängt fühlten, diesen kostbaren Enten keinen Ärger machten. Und: Wegen der drohenden Vogelgrippe brauchten wir zusätzliche Genehmigungen und Untersuchungen.

Manchmal kommt es aber auch ganz anders, als man denkt. So war es mit dem Entenauftritt im Film „Herr Bello". Für 1.000 Euro wurden zehn Paar der wunderschönen bunten Mandarin-Enten eingekauft und dann von mir trainiert – und am Ende war der Teich, auf dem sie schwimmen sollten, nicht einmal im Bild. Leider hat diese herrlichen Enten inzwischen der Fuchs geholt, der herausgefunden hat, dass es auf unserem Hof mitunter leckeres Futter gibt. Mit Sicherheit war dies die teuerste Mahlzeit, die sich dieser Fuchs je gegönnt hat!

Spannend ging es bei den Vorbereitungen zu den Dreharbeiten für „7 Zwerge – Der Wald ist nicht genug" mit Otto Waalkes zu – auch wenn ich selten in einen schmutzigeren See steigen musste. Drei Enten schwammen hintereinander über diesen Tümpel und auf einmal tauchte von hinten eine Zipfelmütze auf. Die Enten fanden das anfangs überhaupt nicht lustig, sie erschraken sich fürchterlich – natürlich, denn normalerweise taucht ja nie plötzlich eine Zipfelmütze im See auf.

Bei dieser Produktion waren noch viele andere Tiere von mir beteiligt: das Reh Prinzessin Fantaghiro, der Kater Madison und das Wildschwein Chestnut. Damit sie sich alle an die Zipfelmützen der Zwerge gewöhnen konnten, hat uns die Produktion vorab einige davon geschickt. So liefen wir wochenlang mit Zipfelmützen auf dem Markhof herum. Einmal fuhr ich zum Einkaufen und wunderte mich, warum mich alle so anstarrten. Erst als ich wieder zu Hause war, merkte ich, dass ich ja noch die Zipfelmütze auf dem Kopf hatte. Die war uns mit der Zeit so selbstverständlich geworden – wie am Ende den Tieren. Und das war die Hauptsache.

Hasen hinter den sieben Bergen

Zipfelmützentauglich waren am Ende auch meine Wüstenigel Funghi und Potato sowie meine Hasen. Der Züchter, von dem ich letztere bekam, hatte diese Rasse – Deutscher Riese – jahrelang auf besonders lange Ohren hin gezüchtet, und wenn Sie den Film mit den sieben Zwergen gesehen haben, dann stimmen Sie mir sicherlich zu, dass ihm das wirklich gut gelungen ist. Damit es keine Keilerei unter den Rammlern gab, musste ich sie kastrieren lassen. Als ich das dem Züchter erzählte, war er entsetzt: „Jahrzehnte habe ich gebraucht, um diese langen Löffel zu züchten, und dann lässt du die Tiere kastrieren!" Der hatte gut reden, schließlich hält er die Tiere nur zur Zucht und immer in getrennten Käfigen. Aber bei mir mussten diese Kerle sich vertragen.

In dem Film gibt es eine hübsche Szene: Otto sitzt mit den Hasen am Tisch und erzählt eine Menge Quatsch. Sie sitzen brav da und hören ihm interessiert zu. Dann sagt er etwas Beleidigendes, und die Hasen springen entrüstet vom Tisch auf und rennen aus dem Haus in den Wald. Sicher haben Sie bereits erraten: Auch hier habe ich mit zwei Mannschaften gearbeitet. Fünf Hasen waren darauf trainiert, auf dem Tisch zu sitzen und Otto aufmerksam anzuschauen. Und dann gab es fünf Hasen, die gelernt hatten, vom Tisch zu hüpfen und davonzulaufen.

Um diese beiden Einstellungen sauber aneinanderschneiden zu können, mussten allerdings auch die „Weglauf"-Hasen ein paar Sekunden auf dem Tisch sitzen bleiben. Das begriffen sie aber nicht. Ein Hase kann entweder lernen sitzen zu bleiben oder davonzulaufen, beides geht nicht. Lange zerbrach ich mir den Kopf, wie ich diese Aufgabe lösen könnte. Schließlich hatte ich eine Idee: Ich schmierte den „Weglauf"-Hasen eine Vitaminpaste auf die Lefzen und das beschäftigte sie eine Weile. Sie blieben ganz gegen ihre Gewohnheit noch ein bisschen sitzen, schleckten an ihren Lippen herum, dann erst folgten sie meinem Befehl und liefen davon. Meistens sind die Lösungen für solche Probleme ganz einfach, man muss nur eine Idee haben. Von den zehn Hasen leben zwei nach wie vor bei mir auf dem Hof. Tyson und Klitschko teilen sich ein Gehege mit meinen Zwerghunden, die zum Teil sogar kleiner sind als die beiden Riesenhasen.

Kröte Merlin in „Sams in Gefahr"

Meine Rokokokröte Merlin ist wohl die Einzige ihrer Art auf der ganzen Welt, die ein Klicker-Training absolviert hat. Er ist wunderschön, ziemlich groß, grau-schwarz gemustert und hat Augen wie Edelsteine. Merlin hat mit Nina Hagen gedreht und kann zum Beispiel auf Kommando von einem Stuhl herunterhüpfen. Seine Belohnungsleckerli sind Heuschrecken und Schaben, die frisst Merlin für sein Leben gern. Diese Art Kröten sondern aus Drüsen an ihren Beinen und an den Schultern ein Gift ab, das sie vor Feinden schützen soll. Manche sagen, dass es wie LSD wirkt, wenn man es ableckt – ich werde mich hüten, das auszuprobieren! Natürlich ist es nicht ganz einfach, eine Beziehung zu einer Kröte aufzubauen, diese Tier sind keine Schmusetiere. Darum ist es für mich immer ein besonderes Erlebnis, wenn ich nach geduldigem Training feststelle, dass ich trotzdem eine Kommunikation aufbauen kann.

Merlin hat beim Film „Sams in Gefahr" mitgewirkt. Ein Kind wünschte sich, dass die Mutter des strengen Lehrers Daume, gespielt von Dominique Horwitz, in eine Kröte verwandelt wird – und Merlin stellt die Mutter nach Erfüllung des Wunsches dar. Meistens bekommt Merlin, gemeinsam mit dem Uhu und den Rehen, eine Rolle in Filmen mit märchenhaftem Inhalt. Er sieht ja auch ein bisschen so aus wie ein verzauberter Prinz mit seinem faszinierenden und rätselhaften Blick.

Von Ador zu Adelheid: mein Uhu

Stellen Sie sich das mal vor: Da lebt man seit Jahren mit einem Uhu zusammen, nennt ihn Ador und behandelt ihn als Männchen – und dann legt er nach fünf Jahren auf einmal drei Eier! Dass mir das passieren konnte! Nun, bei so großen Vögeln sind die Geschlechtsteile unter dem Gefieder gut verborgen und ich hatte nie Grund, einmal genauer nachzuforschen, ob Ador wirklich der passende Name für den Uhu war. Seit der Geschichte mit den Eiern heißt er allerdings Adelheid. Ein bisschen kommt es uns so vor, als hätte der Vogel eine Geschlechtsumwandlung hinter sich, wir wissen noch nicht genau, ob wir immer noch „er" sagen dürfen oder nicht doch besser „sie". „Adelheid" geht mir noch schwer von den Lippen, aber ich werde mich daran gewöhnen.

Uhus sind eigentlich sehr faul. In der Vogelwelt haben sie etwa den Stand wie die Bernhardiner in der Hundewelt. Ador beziehungsweise Adelheid machte in „7 Zwerge – Der Wald ist nicht genug" und in „Hänsel und Gretel" den Wald erst richtig zum Märchenwald. Seine/ihre Aufgabe besteht meist darin, auf einem Ast zu sitzen und schön auszuschauen. Und wenn er/sie mit seinen/ihren großen orangefarbenen Augen blinzelt, dann ist die Märchenwelt perfekt.

Bei den Dreharbeiten zu „Ein fliehendes Pferd" lernte ich Ulrich Tukur kennen. Er ist ein interessanter und eigenwilliger Mensch, der Tiere sehr gern hat. Ans Set brachte er seinen eigenen Hund Toto mit und das war manchmal nicht so einfach für meine Tiere.

Als Ulrich hörte, dass ich einen Uhu habe, war er völlig hingerissen. Er erzählte mir, dass er ein Grundstück in Sizilien gekauft habe und es sein Traum sei, dort eines Tages ganz zu leben. Auf diesem Grundstück wohnten ziemlich viele Siebenschläfer und man habe ihm gesagt, dass ein Uhu das beste Mittel sei, um sie in Schach zu halten. Darum will er sich in den nächsten Jahren einen Uhu anschaffen – und ich soll den Vogel für ihn trainieren. Ich bin gespannt, ob er das wahrmachen wird, zuzutrauen wäre es ihm.

Falken – wunderschön und unberechenbar

Sie sind eng mit der Geschichte Islands verbunden und waren das wertvollste Exportgut der Wikinger – die Falken. Einer dieser Vögel steht im Mittelpunkt des Kinofilms „Islandfalken", einer internationalen Koproduktion mit Keith Carradine und der jungen isländischen Schauspielerin Margrét Vilhjálmsdóttir. Um alle Aspekte der Rolle abzudecken, die der Falke im Film spielen sollte, schaffte ich mir für diesen Filmauftrag die beiden Falken Cherokee und Choktaw an und trainierte sie.

Die Geschichte des Films in groben Zügen: Der alternde und frustrierte Simon trifft in Island auf die junge verrückte Dúa und fasst wieder neuen Lebensmut. Doch nach einer Schießerei mit dem Dorfpolizisten muss er fliehen, sie kommt mit ihm. Im Gepäck haben sie einen Islandfalken. Sie schmuggeln den Vogel nach Hamburg, wo Simon ihn an einen reichen Araber verkaufen will.

Die Dreharbeiten fanden in Hamburg statt und die Falken meisterten dort fantastische Flüge mitten in der Stadt. Falken werden ja seit Jahrtausenden für die Jagd abgerichtet, man kann sehr gut mit ihnen arbeiten. Allerdings sind es Greifvögel und keine Schmusetiere, das musste Margrét Vilhjálmsdóttir leider feststellen, als sie von einem der Falken ins Ohr gezwickt wurde. Einen Moment zuvor hatte sie mich noch gefragt: „Er wird mich doch nicht beißen?", und schon hieb der Kerl seinen Schnabel in ihr Ohr. Die junge Schauspielerin reagierte aber äußerst souverän auf diese kleine Attacke. In der Szene landete der Falke auf Margréts Schulter. Dafür wurde ihre Bluse mit einem Ledereinsatz ausgestattet, sonst hätte der Falke seine Krallen in ihren Körper geschlagen. Aus diesem Grund tragen Falkner immer Spezialhandschuhe und Armschützer, wenn sie mit ihren Vögeln umgehen. Wenn man mit Greifvögeln arbeitet, muss man auf alles gefasst sein, auch wenn sie noch so gut trainiert sind.

Einen Schock erlebte ich, als ich die Falken nach dem Abschluss der Dreharbeiten nach Hause brachte, wo sie in einer Voliere untergebracht waren. Am Morgen nach der Ankunft hatte das Weibchen seinen Genossen im Gehege getötet, ihm die Brust geöffnet und das Herz gefressen. Ich habe mich auf der Stelle von diesem Vogel getrennt und ihn an einen Jäger verkauft. Dennoch ist die Arbeit mit Greifvögeln immer ein ganz besonderes Erlebnis.

Zickige Papageien: Paula und Missis Green

Bei mir leben zwei Papageien, Paula und Missis Green. Diese Vögel sind äußerst intelligent und gut zu trainieren, aber auch sie haben ihren eigenen Kopf. Paula hatte einmal eine Begegnung mit Thomas Gottschalk beim Dreh einer Werbung für das ZDF, die dieser nicht so schnell vergessen sollte. Die Regisseure der Sendung hatten sich das schön ausgedacht. Wir fotografierten die farbenprächtige Ara-Dame Paula von allen Seiten. Ein Kostümbildner entwarf ein Sakko für Thomas Gottschalk in genau diesen Farben, sodass es aussah wie Paulas Gefieder.

Um dem Ganzen die Krone aufzusetzen, sollte Paula während des Drehs auf Thomas Gottschalks Schulter steigen. Das ist für einen Papagei nichts Besonderes, dennoch muss man ihn an die Person erst gewöhnen. Normalerweise benötigt man dazu zwei, drei Tage. Doch Thomas Gottschalk wurde für diesen Auftritt direkt aus den USA eingeflogen, ein Vorbereitungstraining war bei seinem engen Zeitplan ausgeschlossen. Hinzu kam, dass Paula das Sakko, das ihr so ähnlich war, hasste. Sie hatte Angst davor, vielleicht dachte sie, es handle sich um einen Super-Papagei, der ihr die Herrschaft streitig machen wollte – ich habe keine Ahnung. Dennoch meisterte sie ihre Aufgabe mit Bravour.

Vorher passierte aber Folgendes: Als Gottschalk während der Probe zu Paula hinging, damit sie ihm auf die Schulter klettern konnte, kniff sie ihn mächtig in den Oberarm. So ein Papagei hat einen ziemlich kräftigen Schnabel, sodass sich die Stelle an Thomas Gottschalks Oberarm im Verlauf der nächsten Wochen ganz bestimmt in allen Regenbogenfarben verfärbte. Das Team um den Star war ganz aufgeregt, man wollte einen Arzt rufen, ihn sogar ins Krankenhaus bringen – doch Thomas Gottschalk selbst reagierte ziemlich cool. „Leute", rief er, „davon fällt mir der Arm nicht ab." Und so konnten alle weitermachen.

Ehrlich gesagt, beneide ich Paula! Denn ich bin ein ganz großer Fan von Thomas Gottschalk. Damals, bei den Dreharbeiten zu dieser Werbung, konnte ich allerdings nicht persönlich dabei sein, da ich bereits ein anderes Filmprojekt betreuen musste. Schon vor vielen Jahren, während meiner ersten Filmaufträge mit Bonny, verpasste ich Thomas Gottschalk ganz knapp. Ich war etwa 22 Jahre alt, als ich in der Fernsehzeitschrift meiner Mutter sah, dass für den gleichen Abend die Sendung „Wetten, dass …?" angesetzt war. Schon damals wollte ich Thomas Gottschalk unbedingt kennenlernen, um ein Foto von ihm mit meinen Tieren zu bekommen. Kurzerhand packte ich meine Geschwister, Hahn Kleopatra, Ratte Athene, meine Katze und die

Hunde ins Auto und fuhr ins etwa 500 Kilometer entfernte Halle, von wo die Sendung ausgestrahlt wurde. Ich fand den Studioeingang, wurde jedoch sehr misstrauisch beäugt. Man wollte mich schon hinauswerfen, als ich einen mir bekannten Fotografen erspähte und ihn bat, mir zu helfen, was dieser auch wirklich tat. „Die gehört zu mir", meinte er nur und so durfte ich hinter die Bühne, um auf Thomas Gottschalk zu warten. Zu meinem Pech musste der nach der Sendung sofort weg, sodass ich ihn leider nicht kennenlernen konnte. Aber eines Tages, da bin ich mir ganz sicher, wird es klappen und ich treffe mein Idol persönlich.

Wie mein zweiter Papagei Missis Green zu uns kam, das war kurios: Vor etwa vier Jahren, ich saß gerade in meinem Büro über einem Kostenvoranschlag, schaute ich zu den Hühnern hinaus und sah etwas Grünes in der Schar. Ich rieb mir die Augen, weil ich dachte, ich hätte mich getäuscht. Doch da war eindeutig ein großer grüner Vogel, der mit meinen Hühnern herumlief, als seien sie alte Freunde.

Bei unserem Gast handelte es sich um eine Blaustirnamazone, die allerdings so scheu war, dass sie immer fortflog, wenn sich ihr ein Mensch näherte. So ging das zwei, drei Tage. Am vierten Tag fütterten wir unsere Hunde und stellten dafür ein paar Metallschüsselchen auf die Fensterbank. Dahin flog die grüne Dame, so als würde sie diese Art von Futterschüsselchen kennen. Als sie darin aber nur Hundefutter fand, zog sie enttäuscht wieder von dannen. Ich streute Papageienfutter in ein solches Schüsselchen und schon kam sie angeflogen und fing an zu futtern, als wäre sie am Verhungern.

Sie war so hungrig und so eifrig dabei, ihren Magen zu füllen, dass wir sie mitsamt Futternapf ohne Schwierigkeiten ins Haus tragen konnten. Dort stellten wir fest, dass sie nicht beringt war – also konnten wir nicht eruieren, wo Missis Green, wie wir sie tauften, entflogen war. Wir forschten nach – ohne Erfolg. Nach einer gewissen Zeit meldeten wir sie an, wie man das bei geschützten Tieren machen muss. Da niemand wusste, wem Missis Green gehörte, bekamen wir die Genehmigung, sie bei uns zu behalten und mit ihr zu arbeiten. Allerdings bin ich nicht ihre Besitzerin. Da die Eigentumsverhältnisse nicht geklärt sind, gehört sie offiziell dem Bund. Wir haben sie quasi in Pflege und dürfen mit ihr arbeiten, sie allerdings nicht verkaufen – was wir sowieso nicht vorhaben. Ich nehme an, Missis Green wurde bei uns in der Nähe ausgesetzt, weil jeder weiß, dass wir Tiere haben, und der ehemalige Besitzer darauf hoffte, dass sie bei uns ein neues Zuhause finden würde.

Missis Green wirkte unter anderem in der Serie „Ein Fall für zwei" mit, in der Claus Theo Gärtner den Privatdetektiv Josef Matula spielt. Sie stellte einen Papagei dar, der einer alten Oma weggeflogen und auf einem Baum gelandet war. Matula will der Frau helfen, holt den Vogel vom Baum herunter und wird dabei – diesmal laut Drehbuch – von Missis Green gezwickt. Das hat sie ganz toll gemacht. Claus Theo Gärtner hatte ich vorab gezeigt, wie er sie am besten ein bisschen ärgert, damit sie so tat, als ob sie nach ihm hacken würde.

Paula und Missis Green verbindet eine Art Hassliebe. Sie können nicht miteinander, aber auch nicht ohne einander. Ich kann sie nicht zusammenlassen, weil sie dann aufeinander loshacken, besonders Paula fängt dann Streit an. Aber kaum ist eine unterwegs, dann leidet die andere. Paula und Missis Green sind zwei richtige Zicken!

Von Tauben, Menschen und zeitgenössischer Musik

Ein Film, den ich besonders liebe, ist „Wink des Himmels", der 2004 unter der Regie von Karola Hattop gedreht wurde. In diesem Film hatten meine Taube Sammy und zehn seiner Doubles eine tragende Rolle. Ich musste also einen wahren Großeinsatz von Tauben meistern. Der Film erzählt die Geschichte eines kleinen Jungen, der seine Mutter verliert und mithilfe der Taube eine neue Frau für seinen Vater findet. Sammy und seine Kollegen mussten schwierige Flüge von bis zu 80 Metern meistern und in vielen unterschiedlichen Umgebungen agieren. Die kompliziertesten Szenen spielten auf einer Baustelle, wo die Taube einen Unfall verursacht und dabei die Aufmerksamkeit der Frau erregt, was dann später zum Happyend führt.

Manchmal sind es aber nicht die Tiere, die Probleme auslösen, sondern die Darsteller, die mit ihnen umgehen sollen. Mitunter müssen Schauspieler über ihren Schatten springen und alte Ängste überwinden, wie zum Beispiel Anne von Linstow in „Die Fallers". In der Serie spielte sie eine Tierarzthelferin, die eine Taube untersucht, aber ausgerechnet vor diesen Tieren hatte sie schreckliche Angst. Als dann noch die „lieben" Kollegen auf ihr herumhackten, wurde es auch nicht leichter. Da nahm ich sie beiseite und gewöhnte sie in aller Ruhe ganz langsam an Sammy. Und siehe da, binnen kurzer Zeit konnte sie ihre Furcht überwinden und die Szene wunderbar spielen.

Jeder von uns ekelt oder fürchtet sich vor etwas, bei manchen Menschen ist das eben ein bestimmtes Tier, weil sie möglicherweise früher einmal eine schlechte Erfahrung mit ihm gemacht haben. So bin ich am Set also nicht nur Tiertrainerin, sondern auch dafür zuständig, dass Schauspieler und Tier miteinander harmonieren und zusammenarbeiten können. Dieses Angebot steht bei mir immer. Wenn ein Schauspieler von mir lernen will, wie man mit einem Tier umgeht, rennt er bei mir offene Türen ein. Es macht viel mehr Freude, mit einem Schauspieler zu arbeiten, der ein Gefühl für das Tier hat, das ja beim Drehen sein Partner ist. Die Klugen unter ihnen nehmen mein Angebot gern an. Für Anne von Linstow ergab sich dadurch zunächst einmal die Möglichkeit, ihre Rolle zu bewältigen. Darüber hinaus hat sie auch im „normalen Leben" keine Abneigung mehr gegen Tauben, wo immer sie ihr begegnen werden.

Manchmal bekomme ich auch eher ungewöhnliche Anfragen wie die folgende. Bei der Uraufführung des „Hör-Spiels" mit dem Titel „Zurück" bei den Donaueschinger Musiktagen 2007 flogen zehn Tauben quer durch den Raum aus einem kleinen Käfig in einen größeren. In diesem war ein Glockenspiel installiert, das die Tauben mit ihren Schnäbeln zum Klingen brachten. Tauben als Musiker – diese Idee hatte der Künstler Uli Winters. Für die Aufführung wurden spezielle Xylophone gebaut. Der Trick, mit dem ich die Tauben dazu bewegte, mit ihren Schnäbeln die Metallplättchen dieses Instruments zu berühren, war denkbar einfach: Ich legte Körnerfutter darauf.

Bei normalen Xylophonen besteht die Schwierigkeit darin, dass die Körner in die Zwischenräume zwischen den Metallplättchen fallen. Wenn die Tauben sie dort aufpickten, entsteht kein Ton. Und wenn die Vögel doch einen Ton auslösen, dämpfen sie den Klang ab, weil sie auf den Plättchen sitzen. Also wurde nach meinen Maßgaben ein Taubenxylophon konstruiert, bei dem die Zwischenräume so klein wie möglich waren. Rund um das Instrument wurde eine dünne Stange angebracht, auf der die Tauben Halt fanden und dennoch bequem die Körner von den Plättchen picken konnten.

Um die zehn Tauben der seltenen Rasse „Deutsche Nonne" an den Ort des Geschehens zu gewöhnen, reiste ich bereits eine Woche vor der Uraufführung nach Donaueschingen, damit die Vogelmusikanten ihr Revier kennenlernen konnten. Zum Training spannten wir Netze durch den ganzen Raum, um den Tauben beizubringen, wie sie fliegen sollten. Als Mike und ich während der Aufführung schließlich den ersten Käfig öffneten, erhoben sich die Tauben in die Lüfte, statt wie geplant schnurstracks zum anderen Käfig zu fliegen, und drehten mehrere Runden, bevor sie ihr eigentliches Ziel ansteuerten. Und das auch nicht, ohne zuvor den Musikern mit ihrem Flügelschlag die Notenblätter durcheinanderzubringen. Ich bekam fast einen Herzinfarkt, aber das Publikum war begeistert von dieser Live-Performance.

Tanzende Hühner

Manch ein Regisseur hat schon besonders verrückte Wünsche. Ben Verbong zum Beispiel, als er für seine Produktion „Herr Bello" einen meiner Langohrhasen, Schwein Mushroom, eine Kuh und meine Hühner buchte. Er wollte, dass die Hühner Samba tanzen. Na wunderbar. Wie bringt man Hühnern das Tanzen bei – und dann auch noch Samba? Doch wie immer spornte mich diese Herausforderung erst recht an. Noch nie hatte irgendjemand Hühnern das Tanzen beigebracht, das reizte mich. Wenn neuartige Anfragen ins Haus kommen, sitzen Mike und ich Abende lang da und zerbrechen uns die Köpfe, mit welcher Art von Training wir die Aufgabe angehen könnten.

Wir probierten Verschiedenes aus. Zuerst setzte ich die Hühner auf blaue Stangen und bewegte die ein bisschen hin und her. Die blauen Stangen würden sich später leicht wegretuschieren lassen. Doch das Ergebnis sah ziemlich seltsam aus, eher so, als ob die Hühner wie Ufos durch die Luft segelten. Ich machte noch einen Versuch und drehte die Stange, sodass die Hühner auf der Stelle treten mussten, aber auch das war nicht das Richtige.

Also wieder von vorn: Wie bringt man Hühner zum Tanzen? Mir fiel der Treat-Stick ein, den ich bei den Hunden anwende. Doch Hühner sind nicht daran gewöhnt, Leckerli zu bekommen, schon gar nicht, ihr Futter von einer Stange zu nehmen. Dennoch erschien mir dies der richtige Weg. Also begann ich, die Hühner mit Fleischstückchen aus einer Katzenfutterdose zu füttern. Viele Menschen wissen gar nicht, dass

Hühner auch Fleischfresser sind. Doch sie jagen schon mal einer Katze die Maus ab, die sie gefangen hat. Und sie picken Würmer aus der Erde. Das Katzenfutter kam auf jeden Fall sehr gut bei ihnen an.

Nun musste ich dafür sorgen, dass sie ihre Angst verloren und das Futter von einem Stäbchen nahmen. Für diese Prozedur brauchte ich viel Geduld, nicht weil ein Huhn dumm ist, sondern weil es das einfach nicht gewöhnt ist. Es braucht seine Zeit und die musste ich mir nehmen. Und siehe da, eines Tages hatten die Hühner begriffen, dass sie ihr Futter von dem Schaschlikspieß direkt abpicken konnten. Damit war ein großer Schritt getan auf dem Weg zu den tanzenden Hühnern.

Im nächsten Schritt bewegte ich den Spieß mit dem Leckerli über den Köpfen der Hühner hin und her. „Was will sie denn jetzt?", konnte ich fast ihre Gedanken lesen. Immer wieder schwenkte ich das Schaschlikspießchen über ihre Köpfe. Immer wieder. Bis sie langsam anfingen, mit den Köpfen der Bewegung zu folgen. Zuerst ein-, zweimal, dann immer öfter. Der Anfang war gemacht, jetzt mussten sie noch lernen, die passenden Tanzschritte zu machen. Tagelang lief bei uns Sambamusik und ich machte Tanzschritte vor, zurück, nach rechts, nach links und schwenkte den Schaschlikspieß über den Hühnern. Wenn mich jemand beobachtet hätte, ohne zu wissen, was ich da eigentlich tat, hätte derjenige mich glatt für verrückt erklärt.

Es dauerte lange, bis wir tatsächlich an unser Ziel kamen, doch ich kann ziemlich zäh sein. Ich glaubte einfach daran, dass meine Hühnerschar Samba tanzen lernen würde. Und siehe da, der Tag kam, an dem sie zögernd meine Tanzschritte imitierten. Vor, zurück, rechts und links. Und als sie auch noch im Rhythmus dazu die Köpfe nach dem Schaschlikspieß verdrehten, hatte ich mein Ziel erreicht. Mit Geduld und meinen schon erwähnten Trainingsregeln – viele kleine Übungseinheiten, dazwischen lange Pausen, Bestätigung auch beim kleinsten Ansatz in die richtige Richtung – schaffte ich es sogar, dass die Hühner am Ende Samba tanzten.

Drehen mit Insekten

Können Sie sich vorstellen, dass man Insekten trainieren kann? Meine Antwort lautet: Trainieren kann man sie nicht, aber überlisten schon. Im Film „Hänsel und Gretel", der 2006 unter der Regie von Anne Wild entstand, spielten neben unserem Wildschwein Chestnut, dem Raben Krypton, mehreren Enten, einer Katze und einem Spatzen 300 Schmetterlinge mit. Sie wurden für folgende Bilder gebraucht: Die böse Hexe hat Schmetterlinge und Vögel aus dem Wald in ihr Haus gelockt und dort an der Decke erstarren lassen. Als Hänsel und Gretel am Ende die Hexe verbrennen, werden diese Tiere erlöst und fliegen aus allen Fenstern hinaus in den Wald.

Für diese schönen Szenen habe ich riesige exotische Schmetterlinge in allen Formen und Farben direkt aus London kommen lassen. Eine Fuhre kostete 300 Euro, außerdem wurden noch teures Obst und Blumen als Futter für die schönen Flügeltierchen benötigt. Hinzu kam, dass Schmetterlinge ja nur kurze Zeit leben. Da die Produktion zweimal verpasst hatte, die Szenen rechtzeitig abzudrehen, mussten wir zweimal Schmetterlinge nachbestellen. Dirigiert habe ich sie mithilfe von Duftstoffen, auf die alle Insekten reagieren. Da wir Menschen diese Gerüche gar nicht wahrnehmen, wirkt es fast wie Zauberei, wenn sich auf einmal ein ganzer Schwarm Schmetterlinge in die Lüfte erhebt und in dieselbe Richtung fliegt.

Weniger anmutig waren die grünen Schmeißfliegen, die ich für den schon erwähnten Film „Lulu und Jimmy" benötigte. Ihnen gegenüber haben die meisten Menschen sehr gemischte Gefühle. Man kann diese Fliegen in Schraubgläsern kaufen, sie werden speziell für Angler und Halter von Terrarien als Lebendfutter gezüchtet. Es gibt sogar eine Sorte, die gar nicht mehr fliegen kann! Das ist natürlich praktisch für den Angler und auch am Filmset, aber ich denke über solche Dinge oft nach. Warum wollen wir Menschen immer wieder „Lieber Gott" spielen?

Auch Ameisen spielen in Filmen mit, sie kann man ebenfalls mit den entsprechenden Duftstoffen dorthin führen, wo man sie haben möchte. Einmal war eine perfekte Ameisenstraße gewünscht. Dazu wurde ein kleiner Steg aus Glas gebaut, der mit entsprechenden Düften präpariert wurde. Wollten die Ameisen nicht von dem Steg herunterfallen, mussten sie alle schön hintereinanderlaufen. Man muss sich schon etwas einfallen lassen, um Insekten dazu zu bringen, das zu tun, was im Drehbuch steht. Das Tanzen möchte ich Ameisen aber lieber nicht beibringen müssen.

Die Kuh im Wohnzimmer

Wenn ich eine Kuh für einen Film brauche, leihe ich sie mir aus, denn im Moment habe ich keine eigene. So kann ich auch jeweils die passende auswählen – je nachdem, welche Art und Rasse gefragt ist. Im Film „Herr Bello" spielt eine wunderschöne, zottige Highland-Kuh mit, die mir eine Ausstellerfamilie geliehen hatte. Ich habe wieder gleich um zwei dieser Tiere gebeten, damit wir doubeln konnten. Die Besitzer waren am Set dabei, denn wenn ein so großes Tier bewegt werden muss, macht das am besten derjenige, der es genau kennt. Ich bin dann verantwortlich für alles Filmtechnische, während der Besitzer das Tier führt und die persönliche Betreuung übernimmt.

Normalerweise steht eine Kuh ja auf der Weide oder im Stall, für ihre Rolle im Film musste unsere Kuh aber in ein Wohnzimmer. Darum waren wir bereits eine Woche vor Drehbeginn am Set, um die beiden Kühe Blue und Mogli an all die Reize und die ungewohnte Enge zu gewöhnen. In diesem Wohnzimmer mussten sie sogar agieren, und zwar sollten sie mit dem Maul zusammengerollte Karten von einer Kommode schubsen. Das wäre im Grunde ziemlich einfach gewesen – mit einem Leckerli unter dem Papier erledigt ein Tier, das von mir trainiert wurde, diese Aufgabe mit Leichtigkeit. Das Problem war aber, dass diese Kühe keine Leckerli kannten. Und so musste ich sie erst einmal auf den Geschmack bringen. Danach funktionierte alles ganz ausgezeichnet. Die Kuh kommt ins Wohnzimmer, riecht das Leckerli und schubst die störenden Karten zu Boden, um an das Futter heranzukommen.

Wir drehten auf einem wunderschönen Bauernhof, den uns ein alter Bauer zur Verfügung gestellt hatte. Er hatte sein Leben lang allein auf dem Hof gelebt und war ein sehr gewissenhafter Wirtschafter: Das Haus war picobello und gut erhalten. Für den Bauer war es ziemlich befremdlich, dass eine Kuh nicht im Stall blieb, sondern in sein Wohnzimmer sollte. Nur mit Mühe ließ er sich dazu überreden. Aber er stellte eine Bedingung: Wir sollten unter allen Umständen verhindern, dass eine der Kühe in die gute Stube pinkelte. Während der Probe hatten wir eine Plastikfolie auf dem Boden ausgebreitet, aber beim Drehen ging das natürlich nicht. Daher wurde extra ein Assistent abgestellt, der ständig einen Eimer parat hatte und darauf lauerte, ob die Kuh wohl bald den Schwanz heben würde.

Alles lief nach Plan, schon nach drei Versuchen war die Szene im Kasten. Doch auf einmal – das ging so schnell, dass keiner von uns reagieren konnte – begann eine der beiden zu pinkeln. Und wenn eine Kuh erst einmal loslegt, kommt eine ganze Menge Flüssigkeit heraus. Bis der Assistent mit dem Eimer angerannt kam, waren schon gut und gerne fünf Liter auf dem Wohnzimmerboden gelandet. Sie können mir glauben: Ich habe noch nie in meinem Leben Menschen so schnell saubermachen sehen wie in dieser Situation. Alle wischten mit Lappen, Moltontüchern und was immer sie gerade in die Finger kriegten in Windeseile alles auf. In einer Minute war der Fußboden wieder blitzblank. Der Bauer hat nichts davon mitbekommen und das war bestimmt auch gut so.

Aus dem hohen Norden: meine Rentiere Yukon und Nanook

An Weihnachten kommt die große Zeit für meine Rentiere, dann sind sie besonders für Werbespots und Shows sehr gefragt. Yukon und Nanook kamen als wilde, scheue Babys zu mir, direkt aus Schweden. Ich habe sie mit intensiver Pflege gezähmt und aus der Hand gefüttert, damit sie Vertrauen zu mir aufbauen konnten. Zuerst hielt ich sie in einem Gehege gemeinsam mit meinen Hausschweinen und der Ziege Sarah. Doch als Nanook in seinem dritten Lebensjahr geschlechtsreif wurde, da ging es rund im Gehege. Eines Morgens fand ich Penelope völlig zerkratzt und unter Schock vor. Nanook hatte sie mit seinem Geweih traktiert. Also teilte ich die große Koppel und brachte die Rentiere getrennt unter.

Wir waren fest davon überzeugt, dass die beiden uns niemals angreifen würden, so zahm und zutraulich waren sie. Doch kaum war ein Jahr vergangen, setzte Nanooks Hirn wieder aus. Immer im Winter, zwischen Oktober und Januar, steht bei den Rentieren die Brunftzeit an. Als Mike eines Morgens während dieser Phase Nanook sein Futter brachte, begann das Tier mit den Hufen zu scharren und ging auf meinen Lebensgefährten los. Der war auf diese Attacke überhaupt nicht gefasst, und da er Birkenstockschuhe trug, hatte er im wahrsten Wortsinn einen schlechten Stand. Er nahm Nanook in den Schwitzkasten, bewegte sich mit ihm zum Gatter und konnte gerade noch entwischen.

Was sollten wir nun tun? Wenn wir Nanook kastrierten, würde er das herrliche Geweih verlieren. Doch genau das wollen die Leute an Weihnachten ja sehen. Andererseits hatten die Rentiere fast ausschließlich im Winter ihre Aufträge und genau in diese Zeit fiel Nanooks aggressives Brunftverhalten.

Also telefonierte ich herum und fragte jeden, der mit Tieren umging, ob er eine Idee habe. Schließlich bekam ich von einem sehr alten Mann genau die Auskunft, die ich in dieser Situation brauchte. Er schlug vor, dass wir Nanook nicht kastrieren, sondern ihm unter Narkose die Samenstränge quetschen. Dann würden die Hormone, die für ein schönes Fell und das prächtige Geweih zuständig sind, noch durchkommen, diejenigen, welche die aggressive Brunft auslösen, jedoch nicht mehr.

Mit diesem Eingriff betraute ich eine Tierärztin, die zu uns auf den Hof kam. Auch sie hatte noch nie einem Rentier die Samenleiter gequetscht, und da sie sich Nanooks Hoden viel größer vorgestellt hatte, als sie tatsächlich waren, hatte sie eine zu große Zange mitgebracht. Also musste ich ran und die Samenstränge mit meinen Händen quetschen, da Mike beim besten Willen nicht in der Lage war, das zu übernehmen. Das war schon ein sehr eigenartiges Gefühl, selbst Hand anzulegen. Aber auf der anderen Seite will ich, wenn ich mit Tieren arbeite und über ihr Schicksal entscheide, auch für das geradestehen, was ich mit ihnen mache. Seitdem ist Nanook der friedliebendste Rentierbock, den man sich vorstellen kann. Er ist ein treuer Gefährte des Nikolaus und zieht dessen Schlitten durch jede Sendung.

Bei solchen winterlichen Dreharbeiten hatten wir einmal ein lustiges Erlebnis. Um die Aufnahmen wie gewünscht machen zu können, hatte die Produktionsfirma eine ganze Straße in Hamburg gebucht und über Nacht mit Kunstschnee aus Papierschnipseln in einen Wintertraum verwandelt. Schnee lag auf der Straße, auf den Bäumen, auf jedem Mülleimer und Straßenschild – täuschend echt. Mitten in der Nacht ging auf einmal eine Tür auf und ein altes Mütterchen trat auf die Straße. Fassungslos starrte sie auf die verschneite Szene und die Rentiere in ihrem Garten. Offenbar hatte ihr niemand Bescheid gesagt. Nun musste man ihr erst einmal erklären, dass sie keinesfalls die Schneeschippe aus dem Keller holen musste, sondern alles nur für Filmaufnahmen arrangiert war. Das Gesicht dieser alten Dame werde ich so schnell nicht vergessen.

Criss, ein ganz besonderer Schäferhund

In den vergangenen Jahren hatte ich wunderschöne Aufträge, bei denen ich mit bekannten Regisseuren und Schauspielern arbeiten durfte. Im Oktober 2007 aber stand ich vor einer ganz besonderen Herausforderung: Für den Film „Valkyrie" mit Tom Cruise, der darin Graf von Stauffenberg verkörpert, trainierte ich einen Schäferhund, der im Film Hitlers „Blondi" spielt. Blondi war ein besonderer Schäferhund und es gestaltete sich sehr schwierig, heute ein vergleichbares Tier zu finden. Ich kontaktierte alle Züchter, die mit hochwertigen Schäferhunden arbeiten, und fand schließlich in Criss die passende Darstellerin. Ihr Besitzer erklärte sich bereit, mir sein Tier anzuvertrauen, obwohl es sich um einen äußerst wertvollen Rassehund mit allen Prüfungen, die Hunde nur ablegen können, handelt: Den Wert des Tieres gab der Züchter mit 80.000 Euro an. Das ist eine echte Vertrauenssache.

Da Criss schon so fantastisch vorgebildet war, bekam sie von mir ein Crash-Training zum Filmhund. Und ich bereitete sie natürlich auf die speziellen Anforderungen vor, die sie als Hitlers Schäferhund zu bewältigen hatte. Hitlers Blondi war extrem dünn, sodass die arme Criss sogar noch zwei Kilo abnehmen musste. Dafür brauchte sie nicht zu hungern, sondern ich gab ihr eine etwas leichtere Kost – sie war sicher nicht die erste

Schauspielerin, die für eine Rolle auf ihre Linie achten musste. Natürlich war ich auch zu diesem Dreh mit dem festen Vorsatz gefahren, ein Foto mit Tom Cruise zu bekommen. Ich wusste zwar noch nicht wie – schließlich ist Tom Cruise ein internationaler Superstar und ich hatte im Vorfeld nicht nur Positives über ihn gehört –, aber irgendwie musste es einfach klappen. Als wir ankamen, waren Mike und ich überwältigt von der Menge an Leuten, die an diesem Film beteiligt waren. 250 Menschen wuselten durcheinander, überall stand Security-Personal, man konnte glatt den Überblick verlieren. Das sind einfach andere Dimensionen als bei einer durchschnittlichen deutschen Produktion. Dafür bekamen Criss und ich zum ersten Mal in meinem Leben einen Trailer direkt am Studiogelände. Alle waren begeistert von Criss, die ihre Sache sehr gut machte.

Ich hielt Ausschau nach Tom Cruise, bis ich erfuhr, dass man sich mit etwaigen Anliegen immer an seine Assistentin wenden müsse. Sie versprach mir, sich um meines zu kümmern. Und tatsächlich teilte sie mir zwei Stunden später mit, dass sich Herr Cruise gern für ein Foto zur Verfügung stellen würde. Das tat er dann auch – nach einem 16-Stunden-Drehtag um 1:30 Uhr morgens posierte er freundlich neben Criss und mir. Er ist äußerst professionell und auch die häufig geäußerte Meinung, er sei arrogant, kann ich nicht teilen. Er wechselte des Öfteren ein paar Worte mit mir und „Blondi" und ließ seine kleine Tochter Suri, die oft am Set war, den Hund streicheln.

In meiner Arbeitsweise bestätigt fühlte ich mich, als ich sah, dass in amerikanischen Produktionen die Schauspieler erst dann den Drehort betreten, wenn alles vorbereitet ist. Für die Proben, das Einrichten von Licht und Kamera kommen sogenannte „Stand ins" zum Einsatz, Doubles, die im Vorfeld den Platz der Schauspieler einnehmen. Genauso fordere ich das ja auch für meine Tiere! Seit ich das gesehen habe, tun mir die deutschen Schauspieler fast ein bisschen leid.

Kapitel 9

Wie geht es weiter?

Wenn ich darüber nachdenke, wie alles angefangen hat und wo ich heute stehe, bin ich sehr dankbar. Und mir ist völlig klar, dass ich nicht so erfolgreich gewesen wäre, hätte ich damals nicht das kleine Hündchen im Tierheim gefunden. Bonny zeigte mir, was möglich ist, und gemeinsam mit ihr schlug ich eine Richtung ein, an die ich früher nicht einmal im Entferntesten gedacht hatte. Damals war ich ein ungestümes junges Mädchen, das energisch und willensstark seine Ideen durchsetzen wollte. Diese Eigenschaften sind mir geblieben, doch so manches sehe ich mittlerweile mit kritischeren Augen. Ich habe erlebt, wie unterschiedlich Tiere behandelt werden, nicht alles stimmt mich fröhlich. Gerade unter den Tiertrainern gibt es leider allzu viele Scharlatane, die nur vom schnellen Geld träumen und sich nicht darum kümmern, wie es den Tieren dabei geht.

In Arbeit: Verband zum Schutz der Filmtiere und der Rechte von Tiertrainern

Da gibt es die sogenannten Agenturen, die eine Kartei mit angeblichen Filmtieren führen. Allerdings kann es durchaus vorkommen, dass hier Tiere vertreten sind, die keinerlei Ausbildung haben. Vielleicht hat ein Agent einfach eine nette Dame angesprochen, die gerade ihren hübschen Pudel Gassi führte. „Fänden Sie es nicht auch schön, wenn Ihr Hund in einem Film auftreten würde?" So mancher Tierhalter lässt sich von dieser wundervollen Aussicht beeindrucken und stimmt zu. Oft werden die Tiere dann mit Drohungen oder gar Schlägen dazu gebracht, das zu tun, was der Regisseur will.

Auch wenn der Beruf des Filmtiertrainers an sich nicht geschützt ist und keinerlei Ausbildung voraussetzt, muss der eigene Betrieb gewerblich abgenommen sein, damit man als professioneller Tiertrainer arbeiten kann. Das bedeutet: Wer Tiere gewerblich zur Schau stellen will, muss die sogenannte Elfergenehmigung vom Amtstierarzt besitzen. Ohne diese darf man weder Fotoshootings noch Filmaufnahmen für Kino und Fernsehen machen. Leider gibt es eine ganze Reihe von schwarzen Schafen in der Branche, die diese Genehmigung nicht haben. Sie bieten ihre „Dienste" weit unter dem Preis an, den ein professioneller, seriöser Trainer nehmen muss, um gewinnbringend zu arbeiten. Welche Kosten bei einem Tiertrainer anfallen, haben Sie ja schon erfahren und Sie wissen auch, wie viel Zeit für die Ausbildung der Tiere notwendig ist.

Doch ob für Film, Fernsehen oder Theater gearbeitet wird, die Verantwortlichen fallen immer wieder auf die vermeintlich günstigen Angebote herein und lassen sich von den Dumpingpreisen blenden. Allerdings arbeiten diese Anbieter ungefähr so, als würden sie ohne Führerschein Auto fahren. Ihr Verhalten ist illegal und extrem gefährlich für alle Beteiligten. Ich habe schon haarsträubende Geschichten von Filmleuten gehört, die üble Erfahrungen mit solchen Scharlatanen machen mussten, ehe sie bereit waren, tiefer in die Tasche zu greifen und einen Profi zu engagieren. Das ist ein Lernprozess, den viele offenbar durchlaufen müssen. Früher oder später erkennen aber die meisten, dass sie auch in diesem Bereich mit Profis weit besser fahren und im Endeffekt auch mit weniger finanziellem Aufwand ans Ziel kommen. Denn mit einem professionell trainierten Tier sind die Filmszenen in viel kürzerer Zeit abgedreht als mit einem unausgebildeten, vielleicht auch verängstigten Geschöpf.

Hinzu kommt, dass die Tiere von unseriösen Anbietern nicht versichert sind. Stößt ein Tier zum Beispiel eine Kamera um, ist das Theater groß. Doch untrainierte Tiere geraten nun einmal leicht in Panik, wenn sie unvorbereitet mit einer neuen Situation konfrontiert werden, und wie schnell ist dann ein Schaden entstanden. Es ist einfach ein Wahnsinn, was oft aus Geldmangel oder Unkenntnis passiert, und fast immer gehen solche Vorkommnisse zulasten der Tiere, nicht selten sterben sie sogar am Set.

Aus diesem Grund bin ich gemeinsam mit Kollegen, die ähnlich denken wie ich, dabei, den Verband zum Schutz der Filmtiere und der Rechte der Trainer zu gründen. In anderen Ländern ist das bereits geschehen, in Großbritannien beispielsweise. Dort haben sich 1989 die Filmtiertrainer in der Animal Consultants and Trainers Association (Acta) organisiert, um für professionelle Arbeitsbedingungen zu kämpfen. Und sie haben schon viel erreicht. Bei jedem Dreh ist zum Beispiel ein Tierarzt am Set und für die Tiere müssen artgerechte Unterbringungsmöglichkeiten zur Verfügung gestellt werden.

Die englischen Kollegen haben erkannt, dass sie viel mehr erreichen, wenn sie zusammenhalten. Was eine solche Solidarität bewirken kann, zeigt folgende Geschichte: Eine Filmproduktionsfirma bezahlte einem Tiertrainer nur die Hälfte des vereinbarten Honorars. Bei einem späteren Vorhaben fragte diese Firma bei einem anderen Tiertrainer an. Statt den Auftrag einfach anzunehmen, antwortete der: „Erst wenn Sie dem Kollegen seine ganze Gage ausbezahlt haben, reden wir weiter." So etwas funktioniert nur, wenn alle zusammenstehen und es keine Ausreißer gibt. Auf diese Weise kann man ein faires Arbeitsklima schaffen, die Preise mitbestimmen und dafür sorgen, dass nur ausgebildete Tiere vor der Kamera stehen.

Mir ist sehr wichtig, dass wir den „Verband deutscher Filmtiertrainer" ins Leben rufen. Dafür möchte ich auch meine Kollegen begeistern, das ist nicht immer einfach. Viele befürchten berufliche Nachteile und den Verlust von Aufträgen. Aber ich bin optimistisch, dass sich mit der Zeit die Vernunft durchsetzen wird. Zu oft sterben heute noch Tiere am Set, weil mit ihnen falsch umgegangen wird. Es kommt sogar vor, dass Wildtiere unter Drogen gesetzt werden, damit sie „friedlich" sind. Davon abgesehen, dass das eine schwerwiegende Misshandlung ist, sind untrainierte Tiere einfach nicht zu gebrauchen – wie schon so mancher Produzent einsehen musste. Dann werde ich häufig als „Feuerwehr" zu Drehs geholt. Besser für alle Beteiligten wäre es aber, wenn es erst gar nicht so weit kommt. Auch ich habe mal klein angefangen, wusste vieles nicht und machte Fehler. Nach wie vor lerne ich stetig dazu. Doch eine ganze Menge weiß ich nach all den Jahren schon. Und dieses Wissen möchte ich irgendwann an junge Filmtiertrainer weitergeben und auf diese Weise dazu beitragen, dass künftig weniger Tieren aus Unwissenheit und mangelnder Professionalität Leid zugefügt wird.

Für einen besseren Umgang mit Filmtieren

Mir ist klar, dass im Kulturbereich Geld immer knapper wird, daher werden viele Extras gestrichen. Mir tun oft die Regisseure und Drehbuchautoren leid, die aus Kostengründen ihre Kreativität begrenzen und wunderschöne Tierszenen einfach streichen müssen. Was auch immer häufiger vorkommt: Statt einen professionellen Tiertrainer zu engagieren, wird die Betreuung von Tieren, besonders von Kleintieren wie Käfigvögeln und Nagern, den Requisiteuren aufgebürdet. Daher ist mir meine Tätigkeit als Dozentin an der Europäischen Medien- und Eventakademie in Baden-Baden so wichtig, wo ich angehende Requisiteure im Fachbereich Tierschutz unterrichte und sie auf den Umgang mit Tieren vorbereite. Diese Arbeit mache ich bereits seit sechs Jahren, und das mit großem Engagement. Es bereitet mir viel Freude, mein Wissen über Tiere und meine Erfahrungen aus der Film- und Theaterarbeit weiterzugeben und den Lernenden dort zu helfen, sachgemäß und liebevoll mit den ihnen anvertrauten Tieren umzugehen.

Ich muss dabei immer wieder darauf hinweisen, dass ein Tier etwas anderes ist als eine Teekanne oder ein Spazierstock – es ist lebendig, braucht Pflege, Futter und Ruhephasen. Einmal erzählte mir ein Requisiteur während gemeinsamer Filmarbeiten eine sehr traurige Geschichte, die ihm nicht einmal peinlich war. Um Geld zu sparen, hatte eine Produktionsfirma den Requisiteur beauftragt, sich um ein paar Mäuse zu kümmern, die im Film mitwirken sollten. Als die Mäuse nicht mehr gebraucht wurden, stellte der Betreffende den Käfig in ein Regal, so wie alle anderen Requisiten. Übers Wochenende vergaß er glatt, nach den Tieren zu sehen. Am Montag darauf waren sie tot.

Meine Wünsche für die Zukunft

Mehr Aufträge für internationale Produktionen, das ist es, was ich unbedingt erreichen möchte. Nun, mit 40 Jahren und einer einigermaßen langen Berufserfahrung, fühle ich mich bereit dafür. Auch sehr ausgefallene und fast unmöglich erscheinende Szenen können mich nicht mehr so schnell erschrecken.

Außerdem arbeite ich sehr gern für Werbeaufnahmen, denn die daran beteiligten Menschen, die sich ständig mit neuen Trends und verrückten Ideen befassen, begeistern mich immer wieder aufs Neue.

Ein ganz großer Traum von mir: Ich möchte einmal einen Hund trainieren, der dann Hauptdarsteller einer großen Serie wird – so wie „Boomer, der Streuner", den ich schon in meiner Kindheit toll fand. „Bonny, der Streuner" als Remake der alten

Serie mit neuen Folgen, das ist ein echter Herzenswunsch! Gern hätte ich mir diesen Traum mit Bonny erfüllt, doch in ihren Nachkommen lebt sie ja weiter.

Auf lange Sicht werde ich einen Tierfilm mit entwickeln, vielleicht auch koproduzieren, und zwar eine Geschichte, die auf meine Tiere zugeschnitten ist. Dann könnte ich endlich einmal alle Szenen verwirklichen, die ich schon lange im Kopf habe. Schließlich weiß keiner so genau wie ich, was jedes meiner Tiere so draufhat.

Noch einen Wunsch habe ich, der für manche sicher verrückt klingt. Mein Traum wäre, meine Bonnyhunde in einem Lied zu verewigen. Einem Song, den niemand Geringerer schreiben soll als Dieter Bohlen, den ich klasse finde. Die Krönung des Ganzen wäre schließlich, wenn die Jungs von Tokyo Hotel ihn singen würden. Mal sehen, ob auch dieser Traum in Erfüllung geht.

Geduld und Durchhaltevermögen – diese Eigenschaften gehören zu mir wie meine Neugier auf Neues. Gelegenheiten, die sich bieten, will ich ergreifen, um am Ende meines Lebens sagen zu können: Auch wenn nicht alles geklappt hat, ich habe es wenigstens versucht. Ich bin selbst sehr gespannt, wohin mich die Reise gemeinsam mit meinen Tieren noch führen wird.

Kapitel 10
Mein kleiner Haustierknigge

Sie denken darüber nach, ein Tier in Ihr Leben zu holen? Dann machen Sie sich bitte bewusst, dass Sie vor einer folgenreichen Entscheidung stehen. Egal ob es um einen Hund, eine Katze, ein Kaninchen oder einen Wellensittich geht – vor der Anschaffung eines Tieres sollte der Familienrat einberufen werden. Der Tierwunsch muss offen diskutiert werden, und nur wenn alle Familienmitglieder dafür sind, sollte das Tier auch gekauft werden. Denn wenn beispielsweise die Mama und die Kinder den Hund lieben, der Papa ihn aber vom ersten Tag an ablehnt, wird das Tier dies spüren und sich nicht wohlfühlen. Krankheiten können die Folge sein, Leiden und Tod.

Bei vehementen Bitten der Kinder um ein Haustier sollten die Eltern genauestens über ihre Entscheidung nachdenken. Kinderherzen sind wandelbar, vielleicht ist der süße kleine Welpe im ersten Jahr noch spannend, doch dann rücken oftmals andere Interessen in den Vordergrund. Schon oft habe ich erlebt, dass ein zwölfjähriges Mädchen ihren neuen Hund abgöttisch verhätschelt, sich mit 14 Jahren aber zum ersten Mal in einen Jungen verliebt und von da an völlig andere Dinge im Kopf hat als ihren vierbeinigen Freund. Wenn sich in einem solchen Fall die Erwachsenen nicht von Anfang an genauso zuständig fühlen, kann einem das Tier nur leid tun. Sagt beim Familienrat auch nur eines der Familienmitglieder: „Macht, was ihr wollt, aber auf mich könnt ihr nicht zählen!", dann sind die Grundbedingungen zur Aufnahme eines Tieres nicht gegeben.

Die Wohnsituation sollte ebenfalls berücksichtigt werden. Unter Umständen muss der Vermieter um Erlaubnis gefragt werden, ob ein Tier gehalten werden darf. Auch die Größe der Wohnung und die Lebensumstände des oder der Menschen, mit dem/denen das Tier lebt, spielen eine Rolle. Ein Hund zum Beispiel, der in einer Einzimmerwohnung mit seinem Herrchen lebt, aber tagsüber ständig mit seinem Besitzer unterwegs ist, wird sich wohler fühlen als einer, der den ganzen Tag in einer großen Villa eingesperrt ist, weil niemand mit ihm rausgeht. Luxus interessiert Tiere nicht. Ihnen ist egal, ob sie aus einem teuren oder billigen Schüsselchen fressen, ob das Körbchen auf Marmor steht oder auf Linoleum. Für ein Tier sind die Zuwendung, gemeinsame Unternehmungen und Liebe das Wichtigste. Wenn also die Einzimmerwohnung lediglich der Schlafplatz des Hundes ist, reicht diese Räumlichkeit völlig aus.

Auf keinen Fall sollte die Anschaffung eines Tieres aus einer plötzlichen Laune heraus geschehen. Es ist schon vorgekommen, dass mich abends um 22:00 Uhr ein Ehemann anrief, dem eingefallen war, dass seine Frau am nächsten Tag Geburtstag hat. Auf die Schnelle wollte er einen Hund kaufen, um sie zu überraschen. Selbstverständlich rate ich in solchen Fällen ab. Denn ein Tier muss sich der zukünftige Besitzer unbedingt selbst aussuchen, und dies in Ruhe und mit Bedacht. Eine schönere Idee ist daher, einen Gutschein zu verschenken, um dann gemeinsam das gewünschte Tier auszuwählen.

Vor dem Kauf sollte auch unbedingt abgeklärt werden, ob möglicherweise ein Familienmitglied allergisch auf das Wunschtier reagiert. Dazu müssen Sie es nicht einmal mit nach Hause nehmen. Wenn Sie bereits wissen, welches Tier Sie wollen, dann wird jeder Besitzer gern ein Büschelchen Haar aus dem Fell schneiden. Das nehmen Sie dann mit nach Hause und machen selbst die Probe, gegebenenfalls lassen Sie sich oder andere Familienmitglieder von einem Arzt testen.

Handeln Sie nicht vorschnell, denn ein Tier, das in ein neues Heim geholt wird und aus welchen Gründen auch immer ein paar Tage oder Wochen später zum Vorbesitzer zurückgebracht wird, wird sich sein Leben lang schwer damit tun, erneut Vertrauen zu fassen. Versuchen Sie, sich in die Situation des Tieres hineinzuversetzen, und behandeln Sie es, noch bevor es Ihnen gehört, mit Respekt.

Richtig böse werde ich, wenn Tiere als lebendiges Spielzeug für Kinder angeschafft werden. Grundsätzlich bin ich immer ein wenig vorsichtig, wenn zum Beispiel Mütter anrufen und einen Welpen für die Kinder wollen. Kinder können grausam sein. Ich habe es während meiner Arbeit in einer Tierklinik nicht nur einmal erlebt, dass Patienten eingeliefert wurden, die zum Teil schwere Verletzungen durch Kinder erlitten hatten. Einmal hatte ein Hund beide Vorderläufe gebrochen, weil die sechsjährige „Besitzerin" ihn mutwillig die Treppe hinuntergeworfen hatte. Es ist etwas sehr Schönes, wenn Kinder mit Tieren aufwachsen, aber in diesem Fall sind die Eltern gefordert. Sie haben die Verantwortung, ihren Kindern einen liebevollen und respektvollen Umgang mit Tieren beizubringen. Welpen sind süß und knuddelig und Kinder wollen gern mit ihnen spielen, als wären sie Puppen oder Plüschtiere. Dabei ist aber zu beachten, dass Welpen ja Babys sind und genauso wie menschlicher Nachwuchs viel Ruhe und Schlaf brauchen. Wenn das Tier in irgendeiner Form leidet, müssen die Eltern sofort eingreifen. Daher noch einmal meine Mahnung: Wenn Tiere für Kinder gekauft werden, müssen unbedingt beide Elternteile klar dahinterstehen, damit das Tier im schlimmsten Fall nicht alle Bezugspersonen auf einmal verliert.

Hunde: treue Freunde und Begleiter

Wenn Sie und Ihr Partner oder Ihre Partnerin zum Beispiel den ganzen Tag arbeiten, also acht bis zehn Stunden von zu Hause weg sind, sollten Sie darauf verzichten, sich einen Hund anzuschaffen. Denn länger als vier, maximal fünf Stunden sollte er niemals allein bleiben müssen. Ein Hund ist Gefährte des Menschen und nicht dafür geschaffen, sich den lieben langen Tag allein zu Hause zu beschäftigen. Wer sich dennoch für einen Hund entscheidet, handelt in meinen Augen egoistisch. Viel sinnvoller wäre es dann, nach Feierabend oder am Wochenende einen Hund aus dem örtlichen Tierheim spazieren zu führen.

Ein weiteres Argument gegen die Anschaffung eines Hundes ist ein fortgeschrittenes Alter. Ein Hund lebt 14 bis 18 Jahre, wenn er gesund bleibt, und man sollte ihm ersparen, nach Jahren der häuslichen Gemeinschaft sein Heim zu verlieren. Außerdem sind alte Menschen oft nicht mehr so gut zu Fuß und können einem jungen Hund nicht so viel Bewegung gewähren, wie er von Natur aus braucht.

Auch die Frage, welcher Hund überhaupt zu Ihnen passt, sollten Sie ganz in Ruhe überdenken. Kaufen Sie niemals ein Tier nur nach dem äußeren Erscheinungsbild. Huskys beispielsweise sehen schön aus, aber sie brauchen vier, fünf Stunden Auslauf am Tag und eine entschiedene, harte Hand. Ich kenne keinen einzigen Laien, der es geschafft hat, einem Husky Manieren beizubringen – denken Sie nur an meinen Lebensgefährten mit seinen Hunden! Am besten lassen Sie sich ein paar Monate Zeit. Gehen Sie auf den Hundeübungsplatz, schauen Sie sich dort um und sprechen Sie mit den Hundebesitzern. Sie können auch zu einem Züchter gehen und sich dort ein Bild davon machen, was es im Alltag bedeutet, ein Tier zu haben. Überlegen Sie dann in Ruhe, ob Sie sich für einen Hund entscheiden wollen oder doch lieber nicht. Wenn Ihre Entscheidung positiv ausfällt, verpflichten Sie sich über viele Jahre hinweg.

Was gehört zur Grundausstattung?
Für Ihren Hund müssen Sie einiges anschaffen. Bei der Grundausstattung kommt es jedoch nicht darauf an, dass diese beson-

ders schick und teuer ist. Ein Hund benötigt mindestens ein Körbchen; ist die Wohnung groß, empfiehlt es sich, mehrere aufzustellen: eines im Wohnzimmer, eines in der Küche, vielleicht auch im Flur oder im Kinderzimmer – also überall dort, wo sich der Hundehalter selbst längere Zeit aufhält. In das Körbchen gehört eine Decke, je nach Jahreszeit und Platzierung eine wärmere oder eine leichtere. Zudem braucht der Hund eine Schüssel für Futter und eine für Wasser. Ich habe gute Erfahrungen mit Edelstahlschüsseln gemacht. Sie lassen sich gut reinigen und es bilden sich keine Rillen wie in denen aus Plastik. Das ist wichtig, denn in den Rillen können sich Speisereste festsetzen, wodurch sich Schimmel und Bakterien bilden, die der Hund mit dem Futter aufnimmt. Um Krankheiten zu vermeiden, ist es ratsam, hygienisch einwandfreie Näpfe anzuschaffen.

Halsband und Leine oder ein Geschirr benötigen Sie auch noch. Ich nehme meinen Hunden zu Hause die Halsbänder ab, ich finde, sie müssen es nicht dauernd tragen. So entstehen auch keine Striemen am Hals. Allerdings ist es wichtig, einem Hund das Halsband umzulegen, sobald er die Wohnung oder das Grundstück verlässt.

Um einen Hund im Auto zu transportieren, gibt es verschiedene Möglichkeiten. Entweder man kauft einen speziellen Hundegurt oder man trennt die Fahrerkabine mit einem Gitter ab. Ich stecke meine Hunde während Autofahrten grundsätzlich in eine sogenannte Pet-Box, das sind spezielle Transportkisten für Tiere. Wenn sie von Anfang an an diese Boxen gewöhnt sind, finden die Hunde es überhaupt nicht schlimm, darin mitzufahren. Ich habe mich dafür entschieden, weil meine Hunde so am sichersten reisen. Wenn Sie nur einmal scharf bremsen müssen oder Ihnen jemand hinten auffährt, kann sich der Hund, ob angeschnallt oder hinter dem Trenngitter untergebracht, verletzen. Oder stellen Sie sich folgende Szene vor: Sie halten am Straßenrand, Ihre Kinder machen die Autotür auf, der Hund springt raus – und direkt vor den nächsten Wagen.

Wann sollte die Erziehung beginnen?

Was ein Hund ebenfalls ganz dringend braucht, ist eine gründliche Erziehung. Kommt ein Welpe auf die Welt, kann er weder sehen noch hören. Erst nach einigen Tagen öffnen sich Augen und Ohren. Wichtig zu wissen ist, dass ihn die ersten optischen und akustischen Eindrücke fürs Leben prägen. Darum sollte er diese erste Zeit nicht im Dunkeln und abgeschottet von allem verbringen. Idealerweise erlebt er von Anfang an das Umfeld, in dem er später leben wird. Da meine Hunde mit vielen anderen Tieren interagieren müssen, schare ich möglichst früh ganz unterschiedliche Gefährten um sie: andere Hunde, Katzen, Hühner, Schweine – wenn möglich alle Arten, die auf meinem Hof herumspringen. Nur so wird der Hund später keine Angst vor diesem oder jenem Kollegen haben.

Sobald ein Welpe alle Impfungen hinter sich hat, kann er gleich auf den Hundeübungsplatz, dort besuchen Sie mit ihm die Welpengruppe. Es ist äußerst wichtig, dass ein Hund von Anfang an eine gute Sozialisierung erfährt, damit er lernt, in Gesellschaft mit anderen Menschen und Tieren zu leben. Grundsätzlich müssen alle Hunde hören, ob groß oder klein, da gibt es keine Ausnahmen. Viele Menschen glauben, dass eine solche Erziehung nur für große, „gefährliche" Hunde erforderlich ist, ein kleiner Yorkshireterrier braucht doch so etwas nicht. Oft erlebt man aber, dass die großen Hunde vernünftig und folgsam sind, die Winzlinge aber keinerlei Benehmen haben und sich aufführen, als dürften sie alles.

In der Welpengruppe ist es wichtig, ganz geduldig zu sein – auch wenn Sie dort auf zweijährige Hunde treffen, die schon „Sitz" und „Platz" beherrschen, während Ihr Hund das noch nicht kann. Für seine psychische Entwicklung ist es förderlich, ihm seine Kindheit zu lassen. Hunde, die zu früh ausgebildet werden, fallen meistens mit fünf, sechs Jahren in ein tiefes emotionales Loch. Haben Sie Geduld mit Ihrem Welpen, schließlich schicken Sie Ihr Kind auch nicht mit drei Jahren aufs Gymnasium. Das heißt nicht, dass man einem Welpen nichts beibringen sollte. Integrieren Sie ihn schon jetzt in Ihr Leben und zeigen Sie ihm die Welt. Nur dann wird er als erwachsener Hund ein adäquater Begleiter für Sie sein, der Menschen mag und Spaß daran hat, alles mitzumachen, was Sie gern tun.

Fast alle Welpen sind freche Kerlchen und ab der zwölften Woche sollten Sie Ihrem kleinen Rabauken nicht mehr alles durchgehen lassen. Dann ist die Zeit gekommen, ihm zu zeigen, wer der Rudelführer ist. Zwickt er mal oder ist sonst zu frech, dann halten sie ihm liebevoll, aber entschieden eine Weile die Schnauze zu. So zeigen Sie dem Hund spielerisch, dass Sie das Alphatier sind. Fängt er sofort an, jämmerlich zu fiepsen, halten Sie ihn ruhig noch ein bisschen länger fest. Denn wenn Sie ihn gleich loslassen, merkt er sich: „Ich brauche nur zu fiepsen, dann krieg ich meinen Willen." Sind Sie in dieser Phase zu gutmütig, werden Sie später möglicherweise unangenehme Überraschungen erleben, wenn Ihr „süßes Hundchen" auch einmal zubeißt.

In dieser ersten Phase will der Welpe spielen und das ist eine gute Gelegenheit, ihm die ersten Benimmregeln beizubringen. Spielen Sie zusammen beispielsweise mit einem Bällchen und der Hund will es haben, dann halten sie es fest. Irgendwann ist es ihm zu blöd und er wird sich hinsetzen. Wenn Sie ihm dann sofort das Bällchen geben, lernt Ihr Hund: „Wenn ich mich hinsetze, kriege ich meinen Willen." Auf diese Weise können Sie die Ausbildung zum Begleithund spielerisch vorbereiten. Haben Sie dem Hund einmal etwas beigebracht, rufen Sie es aber nicht ständig ab. Denn dann macht es ihm schon bald keinen Spaß mehr und Lernen wird für ihn zur Plagerei.

Werden Kommandos ständig wiederholt, kann der Hund irgendwann keinen Sinn mehr darin erkennen und folgt nicht mehr.

Eine tolle Sache ist es auch, mit dem Welpen Geschicklichkeitsspiele zu machen. Oder Sie bringen ihm bei, sich einen Meter vom Futternapf entfernt hinzulegen und sich dem Fressen erst auf Kommando zu nähern. Sie können auch den Napf in einem anderen Raum oder um die Ecke verstecken und den Hund danach suchen lassen. Hunde lieben solche Aktivitäten, sie machen Spaß und fördern seine Intelligenz. Natürlich muss das Tier immer als Sieger aus einer solchen Übung hervorgehen, niemals dürfen Sie Ihren Hund zum Narren halten.

Wie wird ein Hund gehalten?

Am wohlsten fühlt sich der Hund in der Nähe „seiner" Menschen, je näher desto besser. Ein gutes Beispiel findet sich bei mir zu Hause: Ich habe in einer schwachen Stunde für meine Haushunde extra ein teures Hundesofa gekauft – aber das wird nie benutzt. Alle drängeln sich nach wie vor um mich herum auf meiner Couch. Und damit sind wir bei einem ganz wichtigen Punkt: Ein Hund, der neu in eine Familie kommt, muss auch Rechte haben. Alle Familienmitglieder sollten gleich gemeinsam klären, was der Hund darf und was nicht. Darf er auf die Couch? Wenn ja, dann darf er das immer. Darf er ins Bett? Dann muss er es bei allen Familienmitgliedern dürfen – oder bei gar keinem. Der Hund braucht klare Regeln, denn er kann nicht verstehen, dass nur die Oma manchmal schwach wird und ihn mit ins Bett nimmt, die anderen ihm das aber verbieten.

Wenn Sie Ihren Hund bei sich im Bett schlafen lassen wollen – nur zu. Sie müssen dann eben öfter die Bettwäsche wechseln und die Matratze absaugen, aber das ist alles. Wenn Sie einmal zulassen, dass er bei Ihnen schläft, sollten sie es immer erlauben. Machen Sie sich auch klar, dass Sie diesen Hund dann nie wieder über Nacht in einen Zwinger einschließen können, das würde er psychisch nicht verkraften.

Apropos: Ein Zwinger ist nur zum Übernachten da, auf keinen Fall darf ein Hund Tag und Nacht darin eingesperrt sein. Tagsüber braucht er ein Gehege mit Auslauf oder sollte ins Haus dürfen. Nur bei seltenen Gelegenheiten, wenn Sie den Hund nicht mitnehmen können, beispielsweise wenn Sie zum Arzt müssen, können Sie ihn für kurze Zeit im Zwinger lassen. Richten Sie auch den Zwinger freundlich und gemütlich ein mit einer Kuscheldecke, einem Häuschen und, wenn der Hund draußen schlafen soll, mit einer Wärmeplatte für kalte Nächte. Achten Sie darauf, dass die Temperatur nicht zu hoch eingestellt ist, 12 bis 15 Grad von Frühjahr bis Herbst sind genug, im Winter sollte sie höchstens 18 Grad betragen. Generell gilt: Viel frische Luft macht den Hund widerstandsfähig und verbessert seine Fellstruktur. Besonders die sogenannten Faltenhunde wie Möpse und englische Bulldoggen sind gesünder, wenn sie viel draußen sind.

Alles in allem: Was der Hund braucht, ist ein Leben, das seiner Art gerecht wird. Er muss sich auch mal schmutzig machen und herumtoben dürfen. Eine toupierte Frisur ist vielleicht für Ausstellungen in Ordnung – aber im Alltag völlig unangebracht. Bedenken Sie auch, dass Hunde eine sehr sensible Nase haben und völlig anders auf Gerüche reagieren als wir. Daher ist es kompletter Unfug, einen Hund einzuparfümieren. Denken Sie immer daran, dass sich Ihr Hund nicht wehren kann. Er kann es Ihnen nicht mal sagen, wenn ihm Ihr Lieblingsparfum gar nicht gefällt. Und bitte vergessen Sie Folgendes auf keinen Fall: Ein Hund ist kein kleiner Mensch, der ein Fell trägt. Auch der süßeste Yorkshireterrier stammt vom Wolf ab und hat andere Bedürfnisse als wir.

Grundsätzlich sollten Sie als Hundebesitzer die Fähigkeit haben, sich in Ihren Hund hineinzuversetzen, nur dann können Sie ihm etwas beibringen. Wenn Sie immer nur wie ein Mensch denken, werden Sie mit dem Hund nicht so kommunizieren können, dass er Sie versteht. Sehr wichtig ist auch, dass Sie niemals die Nerven verlieren! Wenn ich mal schlecht drauf bin, übe ich einfach nicht mit meinem Hund. Ich bin empört, wenn jemand aus lauter Ungeduld und Frust seinen Hund schlägt, denn der Fehler liegt eigentlich immer beim Menschen. Darüber hinaus ist es absolut unnötig, einen Hund anzuschreien, denn er hört ausgezeichnet – im Gegensatz zu vielen Menschen.

Wo suche ich einen Hund aus?

Es ist seltsam: In Deutschland muss man für alles Erdenkliche eine Prüfung ablegen, aber nicht für das Züchten von Tieren, obwohl dafür eine Menge Wissen erforderlich ist. So kommt es, dass es bei den Züchtern ganz enorme Qualitätsunterschiede gibt. Natürlich ist einem Tier per Instinkt angeboren, was es während der Schwangerschaft und der Geburt machen muss, aber ganz so einfach ist das Ganze dann doch nicht und oftmals treten Komplikationen auf. Dennoch züchten viele Menschen einfach drauflos, ohne sich die speziellen Kenntnisse über Schwangerschaft und Schwierigkeiten, die bei der Geburt auftreten können, anzueignen.

Auch welche Tiere zusammengebracht werden sollten, wird oft nicht ausreichend bedacht. Dabei ist so vieles zu berücksichtigen, zum Beispiel ob die Größe und die Charaktere der beiden Hundeelternteile zusammenpassen. So würde ich zum Beispiel nie eine hyperaktive Hündin mit einem zappeligen Rüden decken, die Welpen wären wahrscheinlich kaum zu bändigen. Nicht selten werden Hündinnen zu wahren Zuchtmaschinen gemacht. Das passiert, wenn ein Züchter merkt, dass sich die Welpen sehr gut verkaufen. Die betreffenden Tiere bekommen dann kaum noch eine Erholungsphase, doch dass eine Hündin auch mal eine Auszeit braucht, wird nicht bedacht.

Angesichts dieser Situation wünsche ich mir, dass diejenigen, die Hunde züchten möchten, einen entsprechenden Sachkundenachweis erbringen müssen. So ließen sich viele Fehler, zum Beispiel auch Inzestzüchtungen, verhindern. Denn die Unkenntnis führt dazu, dass sich viele Tiere ihr Leben lang mit unterschiedlichsten Defekten herumschlagen müssen, und das ließe sich durch eine solche Prüfung vermeiden.

Daher mein Rat: Wenn Sie Ihren Hund bei einem Züchter kaufen, verschaffen Sie sich selbst einen Eindruck von seiner Arbeitsweise. Sehen Sie sich auf dem Gelände und im Haus gut um. Gefällt Ihnen, wie die Hunde untergebracht sind? Ist Ihnen der Züchter sympathisch? Falls Sie für Tiere unzumutbare Zustände vorfinden, dann handeln Sie bitte sofort und informieren Sie den zuständigen Amtstierarzt. Auch unter Züchtern gibt es solche und solche, einige sind liebevoll bei der Sache, während andere die Tiere lediglich als Ware betrachten.

Sehr schlimme Erfahrungen habe ich einmal gemacht, als ich bei einem Kleinhundzüchter war. Die Hunde dort lebten im Haus, in einem einzigen Zimmer standen zehn bis 15 Pet-Boxen, aus denen die Tiere nur ein-, zweimal am Tag zum Pinkeln herausgelassen wurden. Sie konnten sich weder kratzen noch durften sie sich schmutzig machen – das ist Tierquälerei. Mancherorts habe ich völlig verfilzte Hunde angetroffen, die teilweise nicht einmal mehr aus den Augen schauen konnten, weil die Fellpflege vernachlässigt wurde. Dies sind eindeutige Fälle für den Amtstierarzt.

Auf der anderen Seite gibt es natürlich sehr viele Züchter, denen das Wohl ihrer Tiere am Herzen liegt. Es ist eine Freude, sich dort einen neuen Lebensgefährten auf vier Pfoten auszusuchen. Wenn Sie verschiedene Züchter aufsuchen, verlassen Sie sich ganz auf Ihr Gefühl und Ihre Wahrnehmungen.

Vorsicht ist geboten, wenn Sie sich einen Hund holen wollen, der auf einem Bauernhof geboren wurde. Dort verbringen die Welpen die ersten Wochen oft in einer dunklen Stallecke und haben daher eine negative Prägung erhalten. Am besten spielen Sie mit dem Kleinen ein bisschen. Stellen Sie fest, dass der Welpe ängstlich reagiert, dann stimmt etwas nicht. Junge Hunde sind normalerweise frech, zupfen schon mal am Hosenbein und sind einfach gut drauf – vorausgesetzt, es geht ihnen gut. Achten Sie auch darauf, ob die Augen des Hundes leuchten oder trüb sind, ob das Fell schön glänzt oder verfilzt ist, und vor allem auch darauf, ob der Kleine unter Durchfall leidet.

Tiere von einem Bauernhof sind in der Regel preisgünstiger: Katzen bekommt man häufig geschenkt und Hunde kann man schon für 100 Euro bekommen. Bedenken Sie aber, dass diese Tiere weder geimpft noch entwurmt sind, sie haben möglicherweise Milben und Flöhe. Wenn Sie die Kosten mit einrechnen, die deshalb entstehen, sind Sie wahrscheinlich in etwa bei dem Preis, den ein Züchter verlangt. Handelt es sich aber zwischen dem Welpen und Ihnen um Liebe auf den ersten Blick, ist es Ihnen vielleicht nicht wichtig, welche Folgekosten auf Sie zukommen, und Sie nehmen ihn gleich mit.

Einen kühlen Kopf sollten Sie allerdings bewahren, wenn es um einen Hund aus dem Tierheim geht. Oft werde ich gefragt, ob es nicht sinnvoll ist, lieber solche armen, verlassenen Tiere zu sich zu holen. Der Gedanke an sich ist natürlich schön, doch Laien würde ich davon grundsätzlich abraten. Einzige Ausnahme: Sie können einen ganz jungen, unverdorbenen Welpen bekommen, dann tun Sie wirklich etwas Gutes. Ausgewachsene Tierheimhunde können dagegen wahre Zeitbomben sein und ich möchte vor allem Familien mit Kindern davor warnen, ein solches Tier auszusuchen. Man weiß nie, welche traumatischen Erlebnisse es hinter sich hat und wie es auf bestimmte Dinge im Alltag reagiert. Anders sieht es aus, wenn Sie sehr erfahren im Umgang mit Hunden sind und bereits einen ausgebildet haben. Dann können Sie dieses Wagnis eingehen. Wer sich aber zum ersten Mal einen Hund anschafft, dem würde ich davon abraten.

Ist es bereits passiert und haben Sie Ihr Herz schon an einen Tierheimhund verloren, dann beobachten Sie ihn gut. Gehen Sie mehrmals mit ihm spazieren, ehe Sie ihn zu sich holen. Testen Sie ihn, indem Sie beispielsweise einen Staubsauger in seiner Nähe anschalten, mit der Tür knallen oder einen großen männlichen Freund oder Nachbarn mitnehmen, um zu sehen, wie der Hund auf ihn reagiert. Es gibt viele Tierheimhunde, die vor Uniformen Angst haben oder sonstige Macken aufweisen und es ist besser, Sie wissen von vornherein, worauf Sie sich einlassen. Natürlich ist es möglich, einen traumatisierten Hund umzupolen, doch dazu ist viel Zeit, Geduld und Erfahrung nötig, auch ich bin bei solchen Hunden schon gescheitert – trotz all meiner Erfahrung.

Hundezüchtungen aus dem Hause Zimek

Im Lauf der Jahre habe auch ich begonnen, Hunde gezielt nach ihrem Wesen und Aussehen zu züchten. Meine erste Erfahrung machte ich mit meinen Bonnyhunden, von denen ich immer wieder welche an Liebhaber verkaufe. Durch Bücher und Studien des Hundespezialisten Eberhard Trumler habe ich gelernt, wie man am sinnvollsten genetisches Material mischt, um das Blut aufzufrischen und gesunde und intelligente Hunde zu züchten. Eine meiner Kreationen sind die „Berner Boos", bei denen ich Bobtails mit Berner Sennenhunden kreuze. Ein wunderbares Beispiel dieser Mischung ist mein Hund Newton. Viele Hundeliebhaber halten den „Nasenbären" für meine gelungenste Züchtung, dafür kreuze ich Papillon, Parson Russel und Jack Russel. Die Nasenbären sehen süß aus und sind trotz ihrer spitzen Nase robust und gesund. Besonders in der Werbung, wo immer wieder nach einem „neuen Gesicht" gesucht wird, sind meine Hunde extrem gefragt – und schon mancher Werber oder Filmemacher hat für sich selbst oder für seine Liebste einen erworben. Besonders stolz bin ich auf meine Mops-Doodles, die Pugapoos, eine Kreuzung aus Mops und Pudel. Sie sehen aus wie Möpse, haben aber weder Glubschaugen noch abgeflachte Nasen.

Meine Spezialität: Ich gehe bei der Zucht auch auf Wünsche ein. Wer genügend Geduld hat und ein, zwei Jahre abwartet, kann einen Hund nach seinen Vorstellungen bekommen. Natürlich achte ich dabei immer streng darauf, dass diese Kreuzungen sinnvoll und die Hunde körperlich und seelisch gesund und gut zu erziehen sind.

Welche Kosten fallen für einen Hund an?

Der Preis für einen Hund liegt im Schnitt bei 400 bis 2.500 Euro, je nach Größe und Rasse. Ein Hund aus dem Tierheim kostet zwischen 200 und 250 Euro. Wenn Sie diese Zahlen erschrecken, machen Sie sich bewusst, dass Sie zu diesem Preis einen treuen Begleiter für eine lange Zeit bekommen.

Wenn Sie dann – nach reiflicher Überlegung – stolzer Besitzer eines neuen Hundes sind, sollten Sie unbedingt eine Hundehaftpflichtversicherung abschließen. Denn wenn Ihr Hund irgendetwas anstellt, sind immer Sie verantwortlich. Ob er nach Kindern schnappt, die ihn ärgern, oder ob eine alte Frau auf ihrem Fahrrad unsicher daherkommt, beim Anblick Ihres Hundes erschrickt und fällt – immer sind Sie schuld. Da lohnt sich eine entsprechende Versicherung, die je nach Hunderasse 50 bis 70 Euro pro Jahr kostet. Hinzu kommt die Hundesteuer, die je nach Hund 50 bis 300 Euro ausmacht, bei Kampfhunden kann sie bis zu 1.000 Euro betragen.

Das Futter für einen mittelgroßen Hund kostet Sie jährlich rund 600 Euro, wenn Sie ihn nicht mit dem billigsten ernäh-

ren, was auf dem Markt ist – was unvernünftig wäre. Kauartikel, die Zahnstein entgegenwirken, sind ein weiterer Kosten-
faktor, der im Jahr rund 200 Euro ausmacht. Viele Menschen
unterschätzen übrigens die Gefährlichkeit von Zahnstein. Ein
Hinweis darauf ist der üble Fäulnisgeruch, der aus dem Maul
des Hundes strömt. Dieser entsteht durch vielerlei Bakterien,
die sich um den Zahnstein herum ansiedeln und Magen-
und Herzkrankheiten verursachen können. Besonders kleine
Rassen sind davon betroffen. Sobald der Hund aus dem Maul
riecht, sollte man den Tierarzt aufsuchen, um eine Zahnstein-
entfernung vornehmen zu lassen.

Wenn Sie Ihren Hund lieben, kochen Sie auch mal für ihn,
denn das ständige Füttern mit Fertigprodukten ist nicht gut. Bedenken Sie auch, dass ein Hund nicht ausschließlich Fleisch
bekommen sollte. Selbst der Wolf frisst ein gerissenes Wild ja
mit Haut und Haar und zuallererst die Eingeweide, in denen
viel Grünfutter und Vitamine enthalten sind. Und wenn er
wochenlang kein Wild erjagen kann, ernährt er sich auch von
Wurzeln und Beeren. Ihr Hund braucht also neben Fleisch
auch Gemüse und Kohlenhydrate. Das können zum Beispiel
Reis oder Nudeln mit Möhren und ein wenig angebratene Zwie-
beln sein, dazu gibt es natürlich Fleisch. Und frische Kräuter,
deren positive Eigenschaften ich ja schon erwähnt habe. Probie-
ren Sie darüber hinaus, ob Ihr Hund einen geriebenen Apfel,
eine Banane oder ein hartgekochtes Ei mag. Werden Sie erfin-
derisch und testen Sie, was Ihrem Hund schmeckt. Natürlich
sollte das nicht das einzige Kriterium sein, Wurst und Käse etwa sollte er nur selten bekommen, denn diese Lebensmittel enthalten viel zu viel Salz. Wenn Sie jedoch mit Ihrem Hund trainieren, sollten Sie mit Leckerlis nicht zurückhaltend sein.
Wenn er Training und Lernen mit Positivem verknüpft, wird er
es umso lieber tun. Sinnvoll ist es, wenn Sie Ihren Hund einmal pro Woche einen Fastentag einlegen lassen. Das gilt für

alle Hunde, außer für junge und kranke. An diesem Tag bekommt er nur einen Kauartikel. Auch die Wölfe finden nicht jeden Tag Beute.

Viele Hundebesitzer wollen sich wenig Mühe machen oder denken nicht weiter nach und stellen dem Hund einen Napf voll Futter hin. So kann er fressen, wann immer er will. Aber ein Hund ist dafür nicht gemacht. Sein Instinkt hält ihn dazu an, sich den Bauch vollzuschlagen, er hat von Natur aus einen dehnbaren Darm. Das kommt daher, weil ein Wolf ja nie weiß, wann er seine nächste Beute erwischt. Diese Sorgen hat ein Hund in Deutschland nicht, das nächste Fressen kommt bestimmt und darum leiden viele Hunde an Übergewicht. Fettleibigkeit ist bei ihnen genauso schädlich wie bei uns Menschen und verursacht nicht selten Herzkrankheiten. Eine Mahlzeit am Tag muss genügen. Die soll der Hund ganz auffressen – und damit ist genug. Mit falsch verstandener Liebe fügen Menschen ihren Hunden viel Schaden zu.

Verstärkt wird dies noch, wenn Hunde keine oder zu wenig Bewegung haben. Neuerdings werden sogar Möpse im Kinderwagen herumgekarrt. Wenn ein Hund sich nicht ausreichend bewegt, wird er dick und krank. Dann kommen oft hohe Ausgaben für den Tierarzt auf seinen Besitzer zu – und die Folgen von solchem Verhalten gehen immer zulasten der Hunde.

Ich bin überzeugt davon, dass weniger Hunde im Tierheim landen würden, wenn zukünftige Hundebesitzer wüssten, mit welchen Ausgaben sie zu rechnen haben. Das Futter ist das eine, die Hundesteuer das andere – hier handelt es sich um absehbare Summen. Aber wenn der Hund mal zum Arzt muss und der nachher die Rechnung präsentiert, sind viele entsetzt. Berücksichtigen Sie auch, dass ein Hund regelmäßig entwurmt werden muss – die Medikamente dafür sind nicht billig. Auch der Flohschutz kostet richtig Geld. Machen Sie sich daher vor Ihrer Entscheidung für oder gegen den Kauf eines Tieres noch

einmal Gedanken. Wollen und können Sie die damit verbunde-
nen Kosten tragen?

Informieren Sie sich

Beschäftigten Sie sich mit dem Thema „Hund"! Oft ist es das
pure Nichtwissen, wodurch den Tieren Schaden entsteht. Oder
wissen Sie, dass der Hund wie der Mensch zunächst Milchzäh-
ne hat, die nach fünf bis acht Monaten ausfallen, um den zweiten Zähnen Platz zu machen? Es kommt vor, dass die ersten
Zähne stecken bleiben, das gesunde Wachstum der zweiten
Zähne blockieren oder gar parallel zum zweiten Gebiss im Kie-
fer stehen bleiben. Das nennt man „Doppelgebiss". Ein Hund,
der davon betroffen ist, hat Mühe beim Kauen. Beobachten Sie
daher Ihren Hund während der Zahnphase genau. Geben Sie
ihm viele Kauartikel und kontrollieren Sie regelmäßig seine
Zähne. Zeigt sich der neue Zahn und der Milchzahn ist noch
nicht draußen, ist das noch kein Grund zur Sorge. Stellen Sie
aber fest, dass der alte einfach nicht weichen will, dann gehen
Sie mit dem Hund zum Tierarzt. Der zieht den Zahn und die
Sache ist erledigt.

Viele Menschen glauben, dass die Fellpflege eine rein kos-
metische Angelegenheit ist. Doch sie dient auch der Hautpfle-
ge, denn in verfilztem Fell bilden sich Schuppen. Werden diese nicht entfernt, kann kein Sauerstoff durchdringen und die
Haut entzündet sich. Der Hund riecht und muss sich dauernd
kratzen. Außerdem können sich in dem verfilzten Fell keine
wärmenden Luftposter bilden und der Hund friert leichter.
Kämmen Sie besonders langhaarige Hunde gründlich, und
zwar immer von den Spitzen bis zum Fellansatz. Auf diese Weise entfernen Sie die ausgefallenen Unterhaare und Ihr Hund
fühlt sich wohler.

Gewöhnen Sie Ihren Welpen von Anfang an daran, dass Sie
ihn auch an empfindlichen Körperstellen berühren und diese

pflegen. Dazu gehören die Augen, aus denen die Sandkörner entfernt werden, und die Ohren, aus denen Sie die Haare herauszupfen. Wenn Sie die Ohrhaare nicht regelmäßig pflegen, wachsen sie nach innen und schädigen das Ohr. Ebenso muss sich ein Hund in den Mund schauen und seinen Popo säubern lassen, bei Rüden ist die Pflege rund um den Penis erforderlich.

Ein Hund in der Familie

Bei den Hunden gibt es ruhigere und aktivere Rassen, außerdem leichtführige und weniger leicht zu führende. Am angenehmsten lebt es sich mit einem Hund, wenn die Spielregeln klar sind und sich alle, das heißt jedes einzelne Familienmitglied, daran halten. Nur dann wird der Hund auch alle gleichermaßen akzeptieren. Es kommt vor, dass der Hund vor dem Hausherrn Respekt hat, aber vor der Hausherrin nicht den geringsten. Die Schuld daran trägt meistens die Frau, die sich nicht konsequent verhält. Es gibt die unterschiedlichsten Konstellationen in Familien und ein Hund spürt ganz genau, mit wem er leichtes Spiel hat und bei wem er gehorchen muss. Gute Familienhunde sind insbesondere Pudel und viele Mischlinge.

Kommt ein neues Baby in die Familie, ist es wichtig, dass der Hund an der Veränderung teilhaben darf. Lassen Sie den Hund vorsichtig an dem Baby schnüffeln und den neuen Geruch aufnehmen, dann akzeptiert er den Neuankömmling in der Regel leicht. Gut ist es auch, dem Hund ein paar getragene Kleider hinzulegen, damit er sich in Ruhe mit dem Geruch vertraut machen kann. Es ist eine sehr schöne Erfahrung, wenn Kinder mit Hunden groß werden, da entstehen die besten Freundschaften. Sobald sich diese Vertrautheit entwickelt hat, wirkt der Welpenschutz. In einem Wolfsrudel sind alle Mitglieder einer Meute für das Kleine da, so wird es jetzt auch Ihr Hund halten. Auf der anderen Seite muss auch das Kind lernen, den Hund zu akzeptieren und zu respektieren, damit ein gutes Verhältnis entsteht.

Obligates Training für jeden Hund

Gehen Sie mit Ihrem Hund, ob groß oder klein, ob stur oder freundlich, ob anschmiegsam oder nicht, unbedingt auf den Hundetrainingsplatz. Ich rate dazu, dass jeder Hund die Begleithundeprüfung ablegen sollte, ganz egal, um welche Rasse es sich handelt. Ganz besonders gilt das jedoch für Schnauzer, Terrier, Schäferhunde, Bulldoggen und Dobermänner und einige andere Rassen, deren Vertreter ziemlich stur sein können. Mit ihnen müssen Sie besonders hart arbeiten. Hat Ihr Hund die Prüfung bestanden, können Sie sich mit ihm in der Öffentlichkeit ganz normal bewegen und ihn auch von der Leine lassen, er wird sich in jeder Situation zu benehmen wissen. So können Sie ihn überallhin mitnehmen, zum Einkaufen, ins Restaurant, in die Stadt.

Beobachten Sie einmal Hundehalter und versuchen Sie, sich ein Bild darüber zu machen, wie gut sie mit ihren Hunden harmonieren. Wer bestimmt, wohin es geht? Wer gibt das Tempo vor? Führt der Menschen den Hund an der Leine oder umgekehrt? Muss der Mensch ständig ein Auge auf das Tier haben, weil es sich leicht ablenken lässt, vielleicht auf den Tisch springt oder zu einem Kind oder anderen Hund hinüberläuft? Muss der Halter dauernd irgendwelche Kommandos brüllen?

Machen Sie sich Folgendes bewusst: Der Hund ordnet sich gern unter, das ist seine Natur. Er stammt bekanntlich vom Wolf ab und jeder Wolf gehorcht seinem Rudelführer. Für den Hund von heute ist der Mensch der Rudelführer, und je klarer dieser sich Respekt verschafft, desto zufriedener ist der Hund. Bleiben Sie konsequent in Ihrem Verhalten und bei den Regeln, denn ansonsten verwirren Sie den Hund nur.

Haben Sie sich für einen Welpen entschieden, gehen Sie mit ihm zur Welpengruppe auf den Hundeübungsplatz. Dort lernt er spielerisch die ersten Umgangsformen und erfährt, wie es ist, mit anderen Hunden umzugehen. Danach kommt er in die

Junghundegruppe und ab einem Jahr oder eineinhalb Jahren können Sie ihn auf die Begleithundeprüfung vorbereiten. Dieses Training lässt sich in drei Monaten absolvieren, wenn Sie viel Zeit auf dem Übungsplatz verbringen können. Allerdings spricht vieles dafür, sich und dem Hund ein halbes Jahr Zeit zu gönnen, bis die Prüfung abgelegt wird.

Urlaub: mit oder ohne Hund?

Die meisten Hundebesitzer werden sowieso möglichst nur solche Urlaube buchen, bei denen sie ihren Hund mitnehmen können, denn ein Hund fühlt sich bei seinem Halter am wohlsten. Aber: In anderen Ländern stößt man oft auf Bakterien oder Würmer, die es in der Heimat nicht gibt. Es ist daher ratsam, sich beim Amtstierarzt zu erkundigen, wie der aktuelle Stand in dem Land ist, in das Sie reisen wollen.

Kann der Hund nicht mitkommen, ist es sicher für das Tier die beste Lösung, wenn es in seinem gewohnten Umfeld bleibt und eine Betreuungsperson – möglichst jemand, den der Hund bereits kennt und mag – zu ihm in die Wohnung oder das Haus kommt und auch dort übernachtet.

Ist das nicht möglich, bietet sich die Unterbringung in einer Hundepension an. Wenn Sie sich dafür entscheiden sollten, dann schauen Sie sich genau an, wo Sie Ihren Hund unterbringen, denn hier gibt es mitunter große Unterschiede. Inspizieren Sie die Räume genau, in denen Ihr Hund wohnen und schlafen wird. Prüfen Sie, ob Sie den Betreuern vertrauen können, und verlassen Sie sich dabei auf Ihr Bauchgefühl.

Welpen und junge Hunde bis zu acht Monaten sollten aber auf keinen Fall in fremde Hände gegeben werden, denn das hätte große Auswirkungen auf die so wichtige Prägung. Noch haben sich die Tiere nicht hundertprozentig an ihre neuen Besitzer gewöhnt und fremde Menschen würden sie sehr wahrscheinlich verwirren.

Katzen: selbstständig und unabhängig

Insgesamt sind Katzen etwas einfacher und günstiger zu halten als Hunde, jedoch ist das Futter für sie in der Regel teurer – es sei denn, die Tiere suchen es sich selbst. Diese Art von Ernährung ist für eine Katze zweifellos die gesündeste, auch wenn ihre Besitzer es oft schrecklich finden, wenn sie eine Maus oder einen Vogel erbeutet. Doch eine Katze muss die Aminosulfonsäure Taurin in ausreichender Menge zu sich nehmen und die ist beispielsweise in Mäuseherzen enthalten.

Was gebe ich meiner Katze zu fressen?

Wollen Sie also Ihrer Katze etwas Gutes tun und jagt sie nicht selbst, kaufen Sie ihr Hühnerherzen. Mischen Sie außerdem das Trockenfutter mit frischer Nahrung, denn wenn eine Katze ausschließlich Trockenfutter bekommt, wird sie sich häufiger übergeben. Ich halte es so: Trockenfutter ist die Hauptnahrung, dazu gibt es Dosenfutter und Rinderhackfleisch, Hüttenkäse, zwischendurch ein hart gekochtes Ei oder auch Thunfisch. Jedoch gebe ich den Katzen nur äußerst selten Wurst oder Käse, sie enthalten zu viel Kochsalz. Katzen sind, was ihre Nahrung betrifft, sehr anspruchsvoll, und möchten möglichst selbst entscheiden, was sie zu sich nehmen.

Was braucht eine Katze?

Eine Katze, die ausschließlich im Haus lebt, sollte unbedingt einen Kratzbaum haben. Daran kann sie in aller Ruhe ihre Krallen schärfen. Finden Sie heraus, wo sich Ihre Katze am wohlsten fühlt, und stellen Sie den Kratzbaum dorthin. Für Türen gibt es spezielle Kratzbretter, doch bevor Sie eines davon montieren, beobachten Sie, wo Ihr Stubentiger sich die Krallen wetzt. Sie ersparen sich Mühe und Ärger, wenn Sie das Kratzbrett gleich dort anbringen, wo Ihre Katze es auch benutzt.

Zudem brauchen Hauskatzen eine Toilette mit Streu, die regelmäßig gewechselt wird. Hinzu kommen Schüsselchen für Futter und Wasser und alle möglichen Spielsachen – Gummimäuschen und was es sonst noch so gibt und was Ihre Katze gern mag.

Es liegt in der Natur der Katze, auf Bäume zu klettern und durch die Gegend zu schleichen. Da gibt es auch keinen Unterschied bei den Rassen – jede Katze liebt es, ein Revier zu haben. Daher bin ich persönlich nicht so dafür, Katzen nur im Haus zu halten. Wenn sie es aber nicht anders kennengelernt haben, leiden sie offenbar nicht. Schließlich ist es auch nicht überall möglich, Katzen frei laufen zu lassen. Und: Leider gibt es Menschen, die es vor allem darauf abgesehen haben, teure Rassekatzen zu stehlen.

Wie kommuniziere ich mit Katzen?

Ich habe die Erfahrung gemacht, dass Katzen umso weniger von einem Menschen wissen wollen, je mehr er sich um sie bemüht. Darum lasse ich ihnen oft ihre Ruhe, dann kommen sie ganz von allein auf mich zu. Bedrängen Sie Katzen also nicht, denn das nehmen sie Ihnen übel.

Bedenken Sie zudem, dass Katzen Reviertiere sind. Daher ist ein Ortswechsel, der ja damit einhergeht, wenn Sie ein Tier kaufen und es zu sich nach Hause holen, für Katzen nicht einfach. Oft verhalten sie sich dann ängstlich und verstecken sich und die neuen Halter sind enttäuscht. Ich habe beobachtet, dass solche verunsicherten Kätzchen oft erst in der Nacht, wenn alle schlafen, aus ihrem Versteck kommen und sich vorsichtig umschauen, wo sie nun sind. Ist Ihre neue Katze scheu, dann lassen Sie sie zunächst einfach in Ruhe. Stellen Sie ihr Futter und Wasser hin, sie kommt dann von allein.

Ich habe schon besonders scheue Exemplare erlebt, die ganze zwei Wochen nicht aus ihrem Versteck kamen. Dann nähere ich mich dieser Katze und nehme sie auf den Arm. Ich lasse sie an Katzengras schnuppern, das mögen die meisten, und gebe ihr ein paar Leckerbissen aus der Hand. So überwindet sie sich und lernt den Menschen zu akzeptieren. Dabei gilt: Machen Sie niemals schnelle Bewegungen, bleiben Sie ganz ruhig und gelassen. Scheue Katzen passen nicht in einen Haushalt mit Kindern, sondern eher zu älteren Menschen.

Ist ein Haus zu groß, kommt sich eine Katze möglicherweise verloren vor. Da kann es helfen, sie zunächst an einen Raum zu gewöhnen und ihren Aktionsradius dann Zimmer für Zimmer zu erweitern. Auf diese Weise müssen Sie das Kätzchen in der Eingewöhnungsphase auch nicht permanent im ganzen Haus suchen. Fühlt sich eine Katze vernachlässigt oder unwohl, ist sie oft nicht mehr stubenrein. Sie nimmt dann eine Protesthaltung ein und pinkelt in die Wohnung, zum Beispiel in Ihr Bett. Dann müssen Sie herausfinden, was ihr nicht passt. Es kann zum Beispiel sein, dass eine Katze eine Scheidung nicht verkraften und den neuen Partner nicht akzeptiert. Mitunter lässt sich ein solcher Konflikt nicht lösen und der Halter muss die Katze abgeben. Bei Tierheimkatzen findet sich dieses Problem häufig. Da man die Vorgeschichte aber nicht kennt, wird es schwierig, den Grund dafür herauszufinden, warum die Katze nicht ihr Klo benutzt.

Soll man Katzen kastrieren oder nicht?

Bei Katzen empfehle ich eine Kastration beziehungsweise Sterilisation. Kater entfernen sich ansonsten enorm weit von zu Hause und gehen streunen, dabei wird das Risiko immer größer, dass sie eines Tages nicht mehr heimkommen. Außerdem markieren Kater auch in der Wohnung und diesen beißenden Uringestank bekommen Sie wochenlang nicht mehr aus Ihren vier Wänden. Unsterilisierte Katzen verfallen häufig in eine Dauerrolligkeit, was nächtliche Jammerkonzerte und große

Unruhe mit sich bringt. Bei Katzen, die in der Wohnung gehalten werden, kommt hinzu, dass sie dann Gefahr laufen, zu dick zu werden. Katzen mit Auslauf haben genügend Bewegung und bleiben auch kastriert schlank und beweglich. Entwickelt sich Ihre Katze zum Schwergewicht, können Sie dem mit leichterem Futter entgegenwirken.

Vögel: frei und nicht gern allein

Wenn es der Raum zulässt, halten Sie Vögel nicht in Käfigen, sondern in Volieren. Wer nicht so viel Platz hat, sollte einen Käfig aufstellen, der mindestens die Größe von einem Kubikmeter hat, selbst wenn nur zwei Wellensittiche darin wohnen. Denn nur dann können die Vögel auch mal die Flügel vollständig ausbreiten und von Stange zu Stange fliegen. Unter diesen Umständen verstehen Sie sicher, dass ich Ihnen nicht raten kann, Ihren Vogel in sogenannten Zoofachgeschäften zu kaufen. Dort haben sie nur wenig Platz und kaum Anregung. Bei einem Züchter bekommen Sie Ihren neuen Mitbewohner zum einen deutlich preiswerter und zum anderen wird er mit sehr großer Wahrscheinlichkeit gesünder und fröhlicher sein als ein Tier, das vorher in den winzigen Käfigen in den Tierhandlungen gelebt hat.

Was braucht ein Vogel?

Die winzigen Käfige, die in den Geschäften verkauft werden, sollten meiner Meinung nach verboten werden. Nehmen Sie sich die Zeit und bauen Sie selbst einen hübschen Käfig, das ist gar nicht so schwierig. Dafür kann man Gitter aus Metall kaufen und alles andere mit Holz gestalten. Vor allem für die Innenausstattung ist es ratsam, kein Plastik zu verwenden. Stellen Sie sich vor, wie Vögel leben, wenn sie in Freiheit sind: auf Bäumen und in Wäldern. Sie freuen sich also, wenn sie Zweige und Äste sowie Stangen in verschiedenen Stärken vorfinden. Im Frühjahr und im Sommer machen Sie Ihren Vogel mit ein paar frischen Zweigen mit grünem Laub glücklich. Die Knospen werden mit Vorliebe gefressen und das schafft einen gesunden Ausgleich zum sonstigen Futter. Dann brauchen die gefiederten Freunde unbedingt Wasserbehälter zum Baden und Streusand auf dem Boden des Käfigs.

Achten Sie darauf, wo Sie den Käfig platzieren. Auf Zugluft reagieren Vögel äußerst empfindlich, sie können über Nacht daran sterben. Pralle Sonne ist ebenfalls Gift. Am besten eignet sich ein Schattenplatz, zu dem hin und wieder auch die Sonne durchdringt. Am allerbesten ist es, wenn die Vögel frei wählen können, ob sie lieber in der Sonne oder im Schatten sein möchten. Denken Sie immer daran: An dem Platz, an den Sie den Käfig stellen, ist der Vogel gefangen. Sorgen Sie daher dafür, dass er ausreichend Ausweichmöglichkeiten hat. Der Vogel sollte außerdem zwei Stunden pro Tag im Zimmer herumfliegen dürfen. Sicherlich wird es passieren, dass Sie hier und dort ein Häufchen finden, aber das lässt sich ganz leicht wegputzen.

Eine Voliere im Freien

Wenn Sie ein Haus mit Garten haben, ist eine Voliere für Ihre Vögel ideal. Die Maße sollten mindestens drei mal drei Meter betragen. Wenn sie ein wenig geschützt liegt, nahe beim Haus oder bei einem Baum, können die Vögel darin auch überwintern. Vögel, die draußen leben, sind in der Regel viel gesünder als Stubenhocker. Allerdings muss dann ein Teil der Voliere überdacht sein, damit das Tier auch an Sonnentagen Schatten findet und bei Regen selbst entscheiden kann, ob es nass werden möchte oder nicht. Und vergessen Sie beim Bau der Voliere eines nicht: Alle Vögel sehen gern den Himmel, denn das ist ihr Element.

Sorgen Sie für Gesellschaft

Vögel sind Gesellschaftstiere. Das können Sie auch in der freien Natur beobachten, denn meistens leben sie in Schwärmen und Gruppen. Darum sind die meisten Vögel, die allein gehalten werden, sehr traurig, es sei denn ihr Besitzer beschäftigt sich viel mit ihnen. Aber wer kann sich schon sechs Stunden am Tag mit seinem Vogel befassen? Einfacher ist es wohl, mindestens ein Pärchen zu halten oder gleich noch ein paar Exemplare mehr. Der Nachteil bei Gruppen ist, dass die einzelnen Tiere nicht so zutraulich werden wie ein Tier, das allein gehalten wird. Aber deshalb sollte man einen Vogel nicht viele Stunden am Tag allein leiden lassen.

Es ist schön zu beobachten, wie sich Vögel gegenseitig bei der Gefiederpflege helfen, wie sie miteinander schnäbeln und Spaß haben. Papageien beispielsweise küssen sich und sind viel gesünder, wenn sie zu zweit sind.

Was fressen Vögel?

Auch bei Vögeln sollten Sie auf eine ausgewogene Ernährung achten. Viele handelsübliche Samenfutterprodukte sind voller Schimmelpilze, die Lungenkrankheiten verursachen können. Und diese Krankheiten können sogar auf Menschen übergehen! Also lohnt es sich, im Fachhandel ein etwas teureres Futter zu kaufen. Zusätzlich braucht ein Vogel Obst und Gemüse, zwischendurch mal frische Baumzweige von draußen, ab und zu eine Haselnuss, damit er gesund bleibt. Von Fertigknabbersachen rate ich ab, da sie zum Teil Honig enthalten, frisches Obst ist sowieso viel gesünder.

Wie gehe ich mit Vögeln um?

Bedrängen Sie Vögel niemals. Sie mögen es überhaupt nicht, wenn man sie von oben packt und damit in ihrer Bewegungsfreiheit einengt. Wenn Sie möchten, dass ein Vogel auf Ihre

Hand kommt, dann halten Sie sie unter seine Krallen, sodass er freiwillig auf Ihre Finger klettern kann.

Dass es Ihrem Vogel schlecht geht, erkennen Sie am deutlichsten an seinem Federkleid. Ist es aufgeplustert und struppig, werten Sie dies als schlechtes Zeichen, ebenso wenn die Augen verklebt sind und das Tier unter Durchfall leidet. Suchen Sie dann bald einen Tierarzt auf. Im Gegensatz zu größeren Tieren, bei denen man auch mal eine Nacht abwarten kann, ehe man zum Doktor fährt, sollten Sie bei Vögeln schnell reagieren. Sie sind extrem empfindlich und können binnen weniger Stunden sterben. Frisst zum Beispiel ein Hund ein paar Tage wenig bis nichts, ist das nicht lebensbedrohlich, bei einem Vogel aber schon, denn sein Stoffwechsel ist enorm hoch, sodass er ständig fressen muss.

Es ist schwierig zu erkennen, ob ein Vogel bereits abgemagert ist oder nicht. Wenn Sie mit dem Finger an seinem Brustbein entlangstreichen, fühlen sie es. Ist es schon deutlich spürbar, gehen Sie sofort zum Tierarzt.

Achten Sie auch auf den Schnabelwuchs. Vögel brauchen etwas, um ihn zu wetzen, dafür gibt es beispielsweise Sepiaknochen. Manchmal wuchert der Schnabel dennoch zu sehr und muss vom Tierarzt beschnitten werden. Wird dies unterlassen, können die Vögel nicht mehr richtig fressen und verhungern vor dem gefüllten Napf.

Hamster, Meerschweine, Ratten, Mäuse und Hasen: aktiv und genügsam

Auch diese Tiere werden in den Zoohandlungen in viel zu kleinen Käfigen angeboten. Am allerbesten hält man Nagetiere im Garten. Alle brauchen Klettermöglichkeiten und viel Platz zum Rennen und Springen. Hasen und Kaninchen kann man auch ganz gut im Wohnzimmer halten, es gibt spezielle Klos für sie und wenn man sich ein bisschen Mühe gibt, kriegt man sie durchaus stubenrein.

Was ist bei Nagetieren zu beachten?

Hamster, Meerschweinchen, Springmäuse, Ratten – sie werden leider massenhaft als Spielzeug gekauft. Wenn die Eltern merken, dass die Tiere und ihre Käfige riechen, wandern sie oft raus auf den Balkon oder in den Garten – allerdings meistens in den hintersten Winkel, wo sie von allem abgeschnitten sind und nichts mehr vom Leben mitbekommen. Und dort werden sie dann oft vergessen. Vielleicht schauen die Kinder einmal pro Woche nach dem Tier und spielen zehn Minuten mit ihm. Doch die übrige Zeit ist die reinste Qual.

Daher gilt auch bei einer Entscheidung für oder gegen diese Tiere: Denken Sie gründlich darüber nach. Ein Hase braucht Auslauf, Beschäftigung und Pflege. Das muss auch den Kindern, klargemacht werden. Viele Eltern kaufen ihrem Kind einen Hasen oder ein Meerschweinchen, weil sie hoffen, dass es damit lernt, Verantwortung zu übernehmen und selbstständig zu werden. Aber ein Tier ist kein didaktisches Lehrmittel, sondern ein fühlendes Wesen. Daher sollten Sie die Verantwortung niemals allein den Kindern überlassen, denn sonst kann es leicht passieren, dass das Tier vergessen wird, kein Futter bekommt und in seinem eigenen Dreck sitzt.

Wichtig zu wissen ist außerdem: Alle Nagetiere neigen zu Milbenbefall. Lassen Sie sich vom Tierarzt beraten, was Sie tun können und welches Milbenmittel geeignet ist. Pilze und Milben können auch Menschen befallen! Und: Vergessen Sie nicht, ein Nagetiermännchen kastrieren zu lassen, wenn Sie sich ein Pärchen halten. Sonst könnte es rasch Nachwuchs geben. Nagetiere bekommen in der freien Natur etwa 15 Mal pro Jahr Junge. Wenn Sie das nicht möchten, holen Sie sich zwei Mädchen, die vertragen sich in der Regel viel besser als zwei Jungs.

Wie versorge ich Nagetiere?

Hamster, Meerschweinchen, Hasen und Kaninchen werden oft überfüttert, so schrecklich viel brauchen die Kleinen aber gar nicht.

Am besten eignen sich frisches Grünzeug, Gras, Bananen, Äpfel und Ähnliches. Geben Sie zusätzlich pro Tier maximal zwei Teelöffel von den üblichen Samenmischungen dazu. Ratten lieben Fleisch als Zusatzernährung, man kann sie ruhig mit Katzen- oder Hundefutter und hin und wieder mit einem Stück Rindfleisch füttern.

Geben Sie Hasen und Kaninchen Mohrrüben, wenn die Zähne anfangen zu wachsen. Achten Sie darauf, dass die Hasenzähne nicht zu lang werden, ansonsten müssen sie beim Tierarzt gekürzt werden. Ein Hinweis darauf ist, dass die Häschen nicht mehr richtig fressen.

Wichtig bei den meisten Nagetieren ist auch die Fellpflege, das gilt vor allem für langhaarige Kaninchen. Die sollten Sie genauso kämmen wie Hunde, und zwar von Anfang an, damit sie sich daran gewöhnen.

Achten Sie zudem auf Hygiene, die Käfige sollten immer sauber sein. Das bedeutet, dass einmal pro Woche alles aus dem Käfig herausgenommen und in der Badewanne gereinigt wird. Alle Gegenstände aus dem Käfig und der Käfig selbst werden dann mit heißem Wasser gründlich geschrubbt, damit sich Bakterien und Pilze gar nicht erst breitmachen können.

Wie Vögel lieben es auch Nagetiere, in einer größeren Gemeinschaft zu leben. Darum ist es ratsam – außer bei Hamstern, die Einzelgänger sind –, immer mindestens zwei Tiere zusammen zu halten.

Dabei sind die Bedürfnisse unterschiedlich: Hamster brauchen ein Laufrad, damit sie ihren Bewegungsdrang ausleben können, Ratten dagegen klettern gern und sollten in Käfigen gehalten werden, die verschiedene Etagen haben.

Pferde und Ponys: neugierig und lernfähig

Oft habe ich erlebt, dass Pferde unter den Launen von Kindern und Jugendlichen leiden. Ich habe viele Mädchen kennengelernt, die anfangs von ihrem Pferd völlig begeistert waren, nach einem oder zwei Jahren aber die Lust daran verloren haben. Das Tier steht dann in irgendeinem Reitstall und wartet, ob die Besitzerin vielleicht einmal pro Woche Lust hat, mit ihm eine halbe Stunde auszureiten. Das ist traurig und ließe sich vermeiden, indem der Kauf eines solchen Tieres vorab sehr gründlich durchdacht wird. Auch hier sind wieder die Erwachsenen gefordert.

Wie versorge ich ein Pferd?

Wer sich ein Reittier anschaffen möchte, sollte darauf achten, dass es aus einer guten Umgebung stammt. Es sollte dann auch weiterhin auf einer Koppel stehen können und nicht immer in der Box stehen müssen. Ein weiterer wichtiger Punkt ist die Pflege: Ein Pferd muss gebürstet werden, Schweif und Mähne sind regelmäßig durchzukämmen und man muss nach den Hufen sehen. Außerdem muss ein Pferd regelmäßig entwurmt werden.

Ob es Ihrem Pferdchen gut geht, können Sie an seinen Augen erkennen. Auch das Fell gibt Hinweise auf den gesundheitlichen und seelischen Zustand eines Pferdes – wie bei allen anderen Tieren. Und wie immer ist auch hier die Hygiene enorm wichtig. Wird die Box nicht richtig gesäubert, können Hufkrankheiten die Folge sein.

Gegen die Langeweile

Mit Pferden lässt sich sehr gut arbeiten, sie können vieles lernen. Ähnlich wie Hunde wollen sie gern beschäftigt werden. Man kann ihnen beibringen, Treppen zu steigen, Springübungen und Ähnliches mit ihnen machen – es müssen nicht immer nur die üblichen Ausritte sein. Lassen Sie sich darauf ein und üben Sie mit Ihrem Tier. Ein Pferd spricht sehr gut auf das Klicker-Training an, Sie können ihm auf diese Weise ein paar ganz besondere Sachen beibringen. Schaffen Sie es nicht, ihr Pferd mehrmals pro Woche zu bewegen, sollten Sie sich besser keines anschaffen.

Welches Tier passt zu wem?

Generell gilt: Wer selten zu Hause ist, sollte sich grundsätzlich kein Tier anschaffen. Wie schon erwähnt warten im Tierheim genügend einsame Wesen, die sich über einen Spaziergang und ein bisschen Zuwendung freuen. Auch meine Meinung zum Thema Rauchen ist eindeutig: Wer raucht, sollte keine Tiere halten. Denn sie haben extrem empfindliche Geruchsorgane und leiden außerordentlich unter dem Rauch, das gilt vor allem für Vögel und Nagetiere. Die Tiere können nicht aus, sie sind dem Nikotin auf Gedeih und Verderb ausgesetzt – ohne es zu merken, verursachen Menschen so manchmal den Tod ihrer Tiere.

Ansonsten lässt sich die Frage danach, welches Tier zu wem passt, nicht pauschal beantworten. Sie haben einiges über die Bedürfnisse der verschiedenen Haustiere erfahren, damit wissen Sie ja schon, was eventuell sinnvoll ist: Wenn Sie gern joggen gehen oder Nordic Walking machen und Ihre Tage nicht ausschließlich fern Ihrer Wohnung verbringen, ist ein Hund geeignet. Wer wenig zu Hause ist, zu dem passen eher Katzen oder ein Nagetier. Katzen kommen am besten mit langen Abwesenheiten ihrer Besitzer klar, vor allem wenn sie durch eine Katzenklappe aus- und einspazieren können, wie sie möchten. Außerdem verfügen sie über eine „innere Uhr", die ihnen sagt, wann es sich lohnt, wieder nach Hause zu gehen, weil Frauchen oder Herrchen von der Arbeit zurück ist.

Danksagung

Danke an alle Regisseure, Produzenten, Produktionsleiter, Schauspieler und Moderatoren. Ich bedanke mich auch bei allen anderen aus dem Filmstab, vor allem bei meinen Requisiteuren. Es ist schön, mit euch zu arbeiten. An dieser Stelle dürfen auch die Menschen nicht vergessen werden, die mir durch ihre Unterstützung mein oft anstrengendes, aber wunderschönes Leben erst ermöglichen: meine Tierärzte Dr. Götze, Dr. Nees und Dr. Lichtenstern, die auch schwierigste Fälle versorgen – meistens nachts und feiertags; meine Rechtsanwälte Herr Stich und Herr Roth; meine Steuerberaterin Frau Horr; Herr Mayer sowie Herr Maushardt. Dank auch an Tierpflegerin Kristin Hinze sowie alle Praktikanten und Studenten, die auf unserem Hof arbeiteten und arbeiten und dafür sorgen, dass es den Tieren gut geht. Ein Dankeschön an die Gebrüder Fuchs, die uns mit Stroh und Heu versorgen, Familie Groß und Dr. Dirk Friedrich sowie der Gemeinde Minfeld, die unsere Tierschule so herzlich aufgenommen hat.

Danken möchte ich auch meinen Eltern und Geschwistern dafür, dass sie meinen Tiertick ertragen haben. Tiefe Dankbarkeit empfinde ich gegenüber meinem Freund Mike Bauer, der seit Jahren das Leben mit mir und meinen Tieren teilt. Er liebt die Tiere genauso wie ich und respektiert sie als kleine Persönlichkeiten. Stets begleitet er mich zu Dreharbeiten, hilft mir beim Training und macht die schönsten Bilder von mir und meinen Tieren. Doch wirklich möglich gemacht hat das alles nur ein einziges Wesen: meine geliebte Bonny. Du bist ganz tief in meinem Herzen. Sehe ich in die Augen von Cinderella, Tabaluga, Tiffany, Cookie, Imac und Pepper, erkenne ich dich darin wieder. Bonnys sind die einzigen Lebewesen auf der Welt, die mich vollkommen im Griff haben – und das wissen sie auch!

Phil & Sue Ershler
Dem Himmel ganz nah
Das erste Paar auf allen
Gipfeln der Seven Summits

€/D 19,95; €/A 20,60; sFr 36,90
ISBN 978-3-440-11461-2

Weil das Leben die besten Geschichten schreibt ...

Unterschiedlicher könnten zwei Menschen auf den ersten Blick nicht sein: Der naturverbundene, abenteuerlustige Draufgänger und die smarte, erfolgreiche Businessfrau. Und doch verbindet die beiden die Leidenschaft für das Extrembergsteigen. Allen Widerständen und persönlichen Schicksalsschlägen zum Trotz verwirklichen sie ihren Traum: Als erstes Paar erreichen sie die höchsten Gipfel der sieben Kontinente („Seven Summits"). In ihrer bewegenden Autobiografie schildern sie – abwechselnd und jeder aus seiner Perspektive – ihren ungewöhnlichen gemeinsamen Weg.

KOSMOS

Klaus Zintz
Prima Klima!
*Umdenken, mitmachen
und dabei noch sparen*

€/D 14,95; €/A 15,40; sFr 27,90
ISBN 978-3-440-11377-6

Klaus Zintz

Prima Klima!

Umdenken,
mitmachen und
dabei noch sparen

KOSMOS

Sich zu engagieren ist leicht gesagt – und getan!

Das Klima erwärmt sich – und überall zeigt sich die Notwendigkeit zum Handeln. Doch was tun? Welche Verhaltensweisen sind die richtigen? In diesem Buch finden Sie verständliches Hintergrundwissen und konkrete Unterstützung mit Tipps und Tricks, die zur CO_2-Reduktion beitragen und gleichzeitig den Geldbeutel schonen. Denn für den Klimaschutz braucht es Maßnahmen, die einfach und günstig umzusetzen sind. Damit wir alle mitmachen können!

Christian Rätsch

Vom Forscher, der auszog, das Zaubern zu lernen

Meine Erlebnisse bei den Erben der Maya

€/D 16,95; €/A 17,50; sFr 31,30
ISBN 978-3-440-11240-3

Vom Wissenschaftler zum Schamanen – auf der Suche nach wahrer Zufriedenheit.

Überliefertes Heilpflanzenwissen und magische Zaubersprüche: Vom ersten Moment an ist Christian Rätsch fasziniert von den Lakandonen, einem indianischen Volk im Dschungel Mexikos. Trotz seiner rationalen Prägung lässt Rätsch sich auf diese andersartige Welt ein, nimmt teil an uralten, überlieferten Zeremonien und entdeckt darin einen kostbaren Schlüssel zu großer innerer Gelassenheit und wahrem Seelenfrieden. In seiner Autobiografie schildert der international bekannte Ethnobotaniker und Philosoph Christian Rätsch erstmals seinen Werdegang vom Wissenschaftler zum spirituell inspirierten Heilkundigen.